아름다운 지구를 지키는 20가지 생각

고릴라는 핸드폰을 미워해

박경화 지음

북센스

● 추천의 말 ●
불편함을 즐겁게 감수하는 삶

　사람들은 문명의 이기가 인류의 생활을 편리하게 만들었다고 생각하지만 반드시 그렇지만은 않다. 냉장고를 사용하면서 버리는 음식이 더 많아졌고, 자동차를 이용하면서 이동하는 데 걸리는 시간은 더 길어졌고, 핸드폰을 사용하면서 사람 만나는 일은 더 잦아졌고, 컴퓨터를 널리 쓰면서 종이 사용은 더 늘어났다. 뿐만 아니라 문명의 이기가 가져다 준 편리함은 사람들 마음에서 여유를 앗아가 버렸다.

　질량이나 에너지는 변하지 않는 법이므로, 생활의 편리를 위해 생산하는 물건의 재료는 어디선가 가져와야 한다. 세상에는 공짜가 없으므로 누군가가 편해지려면 그만큼 다른 사람이 불편을 감수해야 한다. 우리가 문명의 이기를 만들어서 사용하는 동안, 세상의 어느 한 곳은 축이 나고 있는 것이다. 그 결과로 나타나는 게 오늘날 지구 곳곳에서 환경 파괴로 인한 재앙들이다. 조금 편하게 살려는 욕심과 지나친 물욕이 각종 환경 재앙을 일으켜서 인류와 생태계를 위협하고 있는 것이다.

　『고릴라는 핸드폰을 미워해』의 저자 박경화 씨는 지구 생태계에 그런 짐을 지우는 건 옳지 않다고 생각해서 스스로 불편한 삶을 택했다. 세탁기 없이 맨손으로 빨래를 하고, 휴지보다 손수건과 걸레를 자주 쓰고, 일회용 나무젓가락과 비닐봉지를 사용하지 않는 불편함을 즐겁게 감수하면서 살고 있다.

　이 책에는 불편함이 즐거울 수도 있는 이유가 담겨 있다. 우리가 편하게 살기 위해 무심코 행동하는 생활 습관이 지구의 다른 한 곳에서 어떻게 환경을 파괴하고 있는지를 잘 알려준다. 그로 인해 사람과 생물들이 어떠한 고통을 겪고 있는지도 자세하게 밝혀 놓았다.

　철학 없이 행동하는 것은 무모한 짓이고, 실천이 따르지 않는 철학은 공허할 뿐이라는 말이 있다. 저자의 알뜰한 생활 습관은 지구를 중심으로 생각하는 안목에서 비롯된 것이어서 더 믿음이 간다. '지구를 중심으로 생각하고 지역에서 행동하라.'는 환경운동가들의 오래된 모토를 박경화 씨는 직접 실천하고 있다.

　이 책은 우리가 살고 있는 이 아름다운 지구에 존재하는 생명체들이 얼마나 소중한 존재인지, 그런데 그들이 환경문제로 인해 어떻게 고통을 받고 있는지, 그리고 우리 다음 세대는 과연 어떤 세상에서 살아가게 될 것인지에 대해 조목조목 설명하고 있다. 아울러 우리가 지구 상의 모든 생명체들과 더불어 오래도록 지구를 깨끗하게 보존하며 살기 위해서 지금 당장 할 수 있는 일이 무엇인지도 친절하게 정리해 놓았다.

　어떻게 사는 것이 환경을 위하는 생활 방식이며 후손에게 부끄럽지 않은 조상이 되는 길인지에 대해 궁금한 사람들에게 이 책은 좋은 지침이 될 것이다.

　　　　　　　　　　　　　　김정욱 (서울대학교 환경대학원 명예교수)

추천의 말 — 불편함을 즐겁게 감수하는 삶 ● 004
개정판을 내며 — 지구별을 건강하게 만드는 나비효과 ● 008
프롤로그 — 2106년, 미래에서 온 편지 ● 011

1부 생명에 대한 생각

아프리카 고릴라는 핸드폰을 미워해 ● 020
산새들의 연애를 방해하지 마세요 ● 031
북극곰이 더워서 헉헉거린다고? ● 040
귀신고래의 아름답고 특별한 항해 ● 051
살아있는 것들의 눈빛은 아름답다 ● 062

2부 이웃에 대한 생각

지구는 늘 목이 마르다 ● 074
티셔츠에 숨겨진 눈물과 한숨 ● 082
비닐봉지에 포위된 지구를 사수하라 ● 092
종이 한 장의 진실게임 ● 101
만 원으로 세상 구하기 ● 110

3부 자연에 대한 생각

평화를 원한다면 내복을 입으세요 • 122
일회용 나무젓가락과 황사 • 132
손수건과 사랑에 빠지는 법 • 142
스위치를 켜면 무슨 일이 생길까? • 151
쓰레기 더미에서 발견한 보물 • 161

4부 살림살이에 대한 생각

우리들 밥상에 얽힌 문제 • 172
도시의 밤은 너무 눈부시다 • 182
냉장고를 믿지 마세요 • 191
나에게 아직 세탁기가 없는 까닭 • 199
내 손으로 만드는 즐거움 • 208

부록 — 이곳에 가면 환경 정보가 있다 • 218

● 개정판을 내며 ●
지구별을 건강하게 만드는 나비효과

핸드폰을 미워하는 고릴라가 세상에 나온 지 어느새 6년이 지났다. 이 책을 집필하던 무렵, 대형서점을 찾았더니 환경책은 구석의 잘 보이지 않는 책장에 꽂혀 있었다. 환경책을 찾는 사람이 드물어서 그렇게 배치한 거라고 했다.

몇 년 전만 해도 환경문제는 뜻 있는 사람들만이 관심을 갖는 것쯤으로 여겨졌다. 번역서가 가끔 출간될 뿐, 우리나라 사람이 쓴 환경책은 다양하게 출간되지 않았다. 그래서 과연 어떤 사람들이 내 책을 읽어 줄까 걱정스러웠다. 그런데 책이 출간되자 반응은 예상을 뛰어넘었다.

중고등학교, 공공 도서관, 청소년 모임에서 강연 요청이 이어졌고, 독후감을 이메일로 보내고, 블로그에 글을 남기는 이도 있었다. 우리가 즐겨 쓰는 물건들이 환경문제와 연관되어 있다니 놀라웠다는 반응이 많았다.

학교와 논술학원에서 이 책을 읽고 토론수업을 했다는 소식이 전해졌고, 핸드폰과 콜탄에 대한 내용은 중학교 국어 및 도덕 교과서에 실렸고, 텔레비전 퀴즈 프로그램의 문제로 출제되기도 했다. 뿐만 아니라 환경부와 부산시 교육청, 부천시, 김해시 등 여러 기관에서 이 책을 우수환경도서로 선정했다.

환경책은 환경문제가 해결되면 수명을 다한다. 출간 당시에는 뜨거운 문제였지만 그것이 세상에 알려지고 사람들이 지혜를 모아 그 문제를 해결하면 책의 수명은 다하는 것이다. 그런데 6년이 지난 지금 이 책이 이야기하는 환경문제는 이제 겨우 세상에 알려지기 시작했을 뿐, 아직도 유효하다. 그래서 그동안 일어났던 내용을 추가하고, 일러스트도 새로 그리고, 디자인도 바꾸는 등, 내용과 체제를 다듬은 개정판을 펴내기로 했다.

본문에는 가장 최근의 사례와 통계를 덧붙였고, 한 주제가 끝날 때마다 등장하는 환경 실천법에도 새로운 내용을 담았다. 이 책을 학습용 부교재로 쓰면서 함께 토론하고 상상력을 키울 수 있도록 논술 전문가 오윤정 선생님의 감수를 받은 '생각 키우기' 코너를 새롭게 꾸몄다. 부록으로 우리나라 환경단체와 국가기관에 대한 정보도 실었다.

환경문제를 알기 전에는 마음이 편했는데, 알고 나니 마음이 불편하다는 사람들이 있다. 기후변화, 황사, 4대강 같은 환경문제는 너무 큰 사건이고 거대담론이라서 나 하나가 실천한다고 세상이 바뀔까 싶어 지레 포기한다는 사람도 있다.

그러나 세상 모든 것은 작은 것에서부터 비롯된다. 소비자 한 명 한 명이 변하면 기업이 생산하는 제품이 바뀌게 되고, 국민의 생각이 바뀌면 정부의 정책이 바뀌게 된다. 우리나라가 바뀌면 다른 나라가 그것을 따라 하게 된다. 변화는 우리가 예상하는 것보다 빠르게 진행된다. 그런데 첫 씨앗인 내가 바뀌지 않으면 세상은 변하지 않는다.

그동안 우리에게 고릴라는 아프리카 밀림에 사는 야생동물 중 하나에 지나지 않았다. 그런데 고릴라와 핸드폰 이야기가 알려지면서 우리의 소비 습관과 생명체의 연관성에 대해 생각하기 시작했다. 첩첩산중 두메산골과 제3세계 국가에서 일어나는 일이 내 삶과 밀접하게 연관되어 있다는 걸 깨닫게 된 것이다.

이는 나비의 날갯짓이 태풍을 일으킬 수 있다는 과학이론인 나비효과와 닮아 있다. 어떤 일이 비롯될 때 일어났던 아주 작은 차이가 나중에는 매우 큰 차이로 나타날 수 있다는 것이다. 오늘 나의 작은 실천이 나비효과가 되어 우리가 살아가는 지구별 전체를 건강하게 만들 수 있기를 기대해 본다.

2011년 봄

박경화

● 프롤로그 ●

2106년, 미래에서 온 편지

안녕하세요, 조상님.

저는 지구의 역사와 생태계에 대해 관심이 많은 학생이에요. 학교에서 '100년 전 사람들은 어떻게 살았을까'라는 주제로 발표를 해야 하는데, 2006년 한반도에서 어떤 일이 일어났는지를 자세하게 알고 싶어서 이렇게 편지를 쓰게 되었어요.

저는 지금 100년 전 사람들처럼 종이에 편지를 쓰고 있어요. 제 보물 1호가 바로 이 종이에요. 예전에는 여기에 글을 쓰고 그림도 그렸다죠. 그렇게 종이가 흔했나요?

저는 굉장히 힘들게 종이를 구했어요. 복제박사님이 땅 속에 있던 나무 화석 성분을 추출해서 어렵사리 나무 복제에 성공했거든요. 복제된 나무를 가공해서 마침내 종이를 만들 수 있었지요. 박사님은 이번 연구를 성공한 뒤 종이를 천연기념물로 보존해야 한다고 주장하셨어요. 한 때 지구에는 숲이 무성했다던데, 그 귀한 게 왜 몽땅 사라져버렸나요?

거실에 켜놓은 TV에서 긴급뉴스를 전하는 기자의 흥분한 목소리가 들려오네요.

"오늘 갑자기 쏟아진 폭우로 한강이 흙탕물로 변해버리자 물값이 천정부지로 오르고 있습니다. 더 오르기 전에 물을 사재기하려는 사람들로 인해 '주수소'마다 아수라장입니다. 오염이 덜된 북극 빙산을 녹여 만든 빙산수의 수입가격도 덩달아 올라 목마른 서민들을 울리고 있습니다."

엇, 빙산수가 새로 들어왔네요. 100년 전에는 땅 위에 흐르는 물과 지하수를 마시기도 했다면서요? 정말 놀라워요. 지금은 여러 차례 정수를 하고 약품을 섞어 소독시킨 물이 아니면 한 방울도 마실 수가 없거든요. 그래서 주수소가 인기랍니다. 옛날에는 주유소라는 게 있었다면서요? 주유소에서 팔던 '석유'라는 검은 액체는 전쟁의 원인이 되었던 아주 무서운 물질이라고 배웠어요. 지금은 고갈되어 박물관에서나 만날 수 있지요.

뉴스에서 오늘 '역사다시보기모임'에서 에디슨을 재평가하는 세미나를 열었다는 보도가 나오네요. 과거에는 에디슨을 빛을 발명하여 인류 역사에서 어둠을 몰아낸 공로자로 높이 평가했지만, 22세기의 문턱을 넘어선 오늘날 빛은 더 이상 문명의 혜택이 아니라고 취재기자가 목소리를 높이고 있어요.

"밤낮없이 환한 조명 아래에서 생활한 부모들은 시력이 약해졌고, 이것이 유전되어 두 달이 넘도록 신생아가 아예 눈을 뜨지 못하는 일이 자주 발생하고 있습니다. 소음문제도 심각해서 아이들은 비행기가 이륙할 때 내는 소리처럼 큰 소리가 아니면 듣지를 못하고 있습니다. 이 때문에 신생아의 뇌에 빛과 소리를 구별할 수 있는 전자칩을 심는 게 유행처럼 번지고 있습니다. 자, 이래도 에디슨이 과연 인류에 공헌한 발명가일까요?"

국제뉴스는 어떤지 한번 볼까요? 요즘 제일 인기가 없는 직업은 지도를 만드는 일이라는군요. 계속되는 기상이변으로 지형이 너무 자주 바뀌어서 지도제작자들이 쉴 틈이 없대요. 21세기 초에도 지진, 태풍, 해일 등으로 지형연구가와 지도생산업자들이 바쁜 적이 있었죠? 그때는 자연재해 때문이었지만, 지금은 지구온난화 때문에 빙하가 녹아서 웬만한 평지는 거의 다 물속에 잠기고 고산지역만 남았어요. 이대로 간다면 머잖아 육지가 모두 잠기고 말텐데, 그러면 우리는 어디에서 살게 될지 걱정이에요.

지난 여름에는 동해안으로 여행을 갔다가 바닷가에서 이런 푯말을 보았어요.

'이곳은 인체에 치명상을 입히는 방사선에 노출될 수 있는 위험지역입니다. 우리 조상들이 원자력 발전소에서 전기를 만들고 버린 핵폐기물이 묻힌 곳입니다. 이 핵폐기물은 앞으로도 수백 년 동안 영구격리시켜야 하는 위험물질입니다. 철조망 안에 절대로 들어가지 말고, 이 지역을 지날 때는 멀리 돌아서 통행해야 안전합니다.'

조상님들, 너무하셨어요. 이렇게 위험한 걸 유산으로 남겨주시다니…….

그래도 저는 운이 좋은 편이에요. 위험하긴 했지만 동해안을 여행할 수 있었으니까요. 웬만해선 정부에서 발행하는 여행허가증을 받는 게 쉽지 않거든요. 자동차로 넘쳐나는 도로와 공기오염, 쓰레기, 자원고갈 문제가 점점 심각해지자 정부는 이제 여행통제 정책을 펴고 있어요.

세계 정상들이 모인 국제회의에서는 국내여행 뿐 아니라 해외여행까지 통제하겠다고 선언했어요. 이 선언으로 인해 북극을 떠나야 하는 이누잇 족의 이주계획이 어긋나 버렸지요. 북극과 비슷한 기후 조건을 갖춘 툰드라나 겨울이 남아 있는 온대지방으로 가려고 했는데, 계속 거부당하자 할 수 없이 아프리카의 킬리만자로로 이주하고 말았어요. 그런데 추운 지방에 살던 사람들이 갑자기 적도 지방으로 옮기자, 예전에는 없었던 바이러스가 퍼져 신종 피부병에 시달리고 있다고 해요.

편지를 열심히 쓰다보니 조금 덥군요. 아직 여름이지만 이제 며칠만 지나면 겨울이 올 거예요. 100년 전에는 봄과 가을이라는 계절도 있었다면서요? 그때는 날씨가 어땠나요? 책에서만 본 아지랑이가 가물거리는 들녘과 낙엽이 지는 고궁 돌담길을 저도 한번 걸어 보고 싶어요. 앗, 제가 사는 아파트 관리실에서 방송이 나오네요.

"관리실에서 안내말씀 드립니다. 주민 여러분께서는 창문과 현관문을 모두 잠그시고 한 분도 빠짐없이 빨리 지하대피소로 이동해주십시오. 곧 청소기계를 작동하겠습니다."

오염된 실내공기와 갈수록 짙어지는 환경호르몬을 없애기 위해 대형 기계로 청소를 한다는 예고방송이에요. 집집마다 천장에 설치된 기계에서 먼지와 오염된 공기를 빨아들이는 방식이지요. 청소시간에는 모든 주민이 하던 일을 멈추고 지하대피소로 피해 있어야 해요. 얼마 전까지만 해도 한 달에 한 번만 청소를 하면 됐는데, 지금은 일주일에 한 번씩 하고 있어요. 이제 머잖아 하루에 한 번씩 청소를 해야 할 정도로 공기 오염 문제가 심각해지고 있대요.

저는 이런 현실이 너무 답답해요. 타임머신을 타고 100년 전으로 날아가서 딱 하루만 살았으면 좋겠어요. 그때는 얼마나 행복했을까요? 조상님들이 조금만 미래를 걱정하셨다면 저도 지금 푸른 숲에서 맑은 공기를 맘껏 마시며 살 수 있을 텐데 너무 속상해요.

100년 전에는 지구가 얼마나 살기 좋은 곳이었는지, 그렇게 좋은 지구가 왜 이렇게 오염되었는지 너무 궁금해요. 꼭 답장해주실 거죠? 기다릴게요. 저는 이제 지하대피소로 가야 해요.

그럼, 조상님 안녕!

2106년 어느 여름날
조상님의 귀여운 후손 올림

미래에서 후손이 부친 편지가 또 한 통 날아들었다. 많은 생각을 하게 만드는 이 편지는 요즘 들어 자주 내게로 날아든다. 지난 몇 년 동안 나는 환경단체에서 일하면서 환경문제가 심각한 곳들을 방문했다. 봉우리가

통째로 잘린 산, 물속에 잠긴 아름다운 골짜기, 엄청난 굉음과 함께 다이너마이트가 폭발하는 채석장, 교통사고에 희생된 청설모가 누워 있는 도로, 떠내려 온 쓰레기로 가득 찬 마을……. 이런 곳에서 돌아오는 내 손에는 언제나 미래에서 날아온 편지가 쥐어져 있었다. 누가, 왜, 이런 일을 시작했을까? 방방곡곡에서 시시각각 소중한 자연이 파괴되고 있을 때 나는 무얼 하고 있었는가?

　미래에서 온 편지는 과거를 돌아보고 미래를 걱정하게 할 뿐만 아니라 현재를 생각하게 만든다. 그 편지는 아득히 먼 곳에서 날아온 남의 이야기가 아니라, 우리나라, 내가 사는 도시, 우리 집, 내 방에서 시작된 문제에 관한 이야기이기 때문이다.

　돌이켜보면 환경문제는 인간의 소비 생활에서 비롯되었다. 너무 흔해서 귀한 줄 모르고 자원과 물건을 함부로 써대며 쉽고 편한 것만 찾는 나의 습관 때문에, 두메산골 어르신들의 삶이 소란스러워졌고 가난한 나라의 아이들은 학교 대신 공장에 가야 하는 것이다. 진귀한 것은 직접 가서 눈으로 봐야만 하는 사람들 때문에, 그곳에서 보금자리를 틀고 살던 새와 곤충과 야생동물은 허둥지둥 떠나야 했다.

　수억 년 동안 땅 속에 잠자고 있던 석유를 어렵게 뽑아 만든 플라스틱과 비닐은 사람보다 더 오래 산다. 그것들은 긴 세월 동안 얌전하게 살지 않고, 흙을 괴롭히고 강을 오염시키며 지구를 숨막히게 한다.

　핸드폰, 세탁기, 냉장고, 나무젓가락, 티셔츠, 화장지 등 우리가 일상에서 쓰고 있는 수많은 물건들은 어디에서 왔으며 어떻게 생산되었을까? 다른 사람에게 피해를 주거나 어떤 지역을 파괴한 대가로 얻어진 것은 아닐까? 우리가 쉽게 쓰고 버리는 작은 물건 하나에도 지구는 움찔거린다.

지구의 생태계는 시나브로 변하고 있다. 미래에서 온 편지는 공상영화에나 나오는 이야기가 아니다. 출발점을 떠나 우리를 향해 맹렬히 달려오고 있는 중이다. 사랑하는 후손들로부터 원망 섞인 편지를 받지 않으려면, 당장 우리의 일상을 바꿔야 한다. 소비를 하기 전에 먼저 생각을 하고, 미래를 내다보는 생활의 지혜를 갖춘다면 우리는 우리가 누리고 있는 이 아름다운 지구를 미래에도 물려줄 수가 있다.

우리 모두가 함께 잘 사는 평화로운 미래를 만드는 열쇠는 바로 나 자신이 쥐고 있다. 지구 상의 모든 것은 나를 중심으로 연관되어 있다. 지금 당장 나의 일상에서 작은 것 하나부터 변하기 시작한다면, 우리의 미래는 행복할 것이다.

2006년 새아침

못난 조상이 될까 걱정하는 박경화

생명에 대한 생각

아프리카 고릴라는 핸드폰을 미워해

핸드폰 때문에 생긴 일

연락할 일이 있어서 핸드폰을 꺼내자 곁에 있던 친구의 눈이 왕방울만 해진다.

"아직도 이런 전화기를 쓰는 사람이 있네! 이거 박물관에서나 볼 수 있는 거 아냐?"

액정이 칼라가 아닌 흑백인데다 벨소리도 구식 기계음이라서 신기한 모양이다. 하지만 걸고 받는데 별 이상이 없고 문자도 잘 주고받는데 무엇이 문제란 말인가.

주위 사람들이 유행처럼 너도나도 핸드폰을 장만할 때, 집과 사무실에서 연신 울려대는 전화만으로도 벅차서 별 관심을 가지지 않았다. 그런데 문제는 출장이었다. 일주일이 멀다하고 전국 방방곡곡을 돌아다니는 동안 연락이 안 되자 사람들이 답답해 죽겠단다.

핸드폰이 없는 나를 원시인이라고 놀리던 사무실 선배가 새 핸드폰을 장만했다면서 쓰던 핸드폰을 넘겨주었다. 마침 얹혀살던 집에서 독립을 해 전화가 없던 터라 고맙게 받았다. 개통하기가 무섭게 핸드폰이 울려대기 시작했다. 밤낮을 가리지 않고, 때와 장소도 가리지 않고 울려댔다. 핸드폰이 없던 시절에 우리는 대체 어떻게 참고 살았던 걸까?

어떤 사람과 만나려면 만나는 그 순간까지 도대체 몇 차례나 핸드폰이 울려대는지 모른다. 정확하게 몇 월 며칠 몇 시에 어디서 만나자고 정하지 않고 '그때 가서 다시 전화할게'라고 어정쩡하게 말하고는 끊는다. 그리고 다시 전화를 해서 시간과 장소를 정하고, 약속한 날 아침에는 오늘 약속이 유효한지 점검을 하고, 약속시간이 다가오면 지금 약속장소로 오고 있는지를 확인한다. 중간에 확인 전화가 없으면 자연스레 약속이 취소되었다고 생각하기도 한다. 만약 길을 헤매다 약속시간에 조금 늦거나 약속장소가 어긋났을 때는 십중팔구 핸드폰에 불이 난다.

그 옛날 물레방앗간에서 몰래 만나던 남녀는 약속시간을 어떻게 정하고 지킬 수 있었을까? 그들에겐 시계도 없고 핸드폰은 더더욱 없었을 텐데. 물레방앗간은 물의 낙차가 필요하므로 동네에서 조금 떨어진 곳에 있었을 것이다. 보름날 밤 앞산에 달이 둥실 떠올랐을 때 만나자, 이런 식으로 약속을 했다면 아마 마음이 급한 사람은 초저녁부터 달이 뜨기를 꽤나 기다렸을 것이다.

'해가 중천에 떴는데도 아직 구들장을 지고 있냐.'

'해 지기 전에 돌아와라.'

'그림자가 제일 짧아졌을 때 버드나무 삼거리에서 만나자.'

옛 사람들의 시간관념은 이렇게 해와 달을 중심으로 돌아갔고, 약속 장소 역시 자연물을 이용해서 운치 있게 설명했다. 10분 늦었다고 화를 내거나 초조해하지 않고, 느긋하게 기다리며 곧 만날 사람의 얼굴을 떠올렸겠지. 재회의 기쁨 때문에 입가로 번지는 웃음을 애써 참으며, 만날 사람에게 맨 처음 건넬 말을 설레는 마음으로 궁리하고 있었겠지.

'생을 마감하는 순간, 무덤에 가져가고 싶은 부장품은 무엇인가?'

2009년 3월 한 상조회사가 성인 375명에게 물었다. 1위는 놀랍게도 핸드폰이었다. 죽어서도 이승에 있는 가족과 통화하고 싶어서라는 대답이 가장 많았고, 일상에서 가장 소중한 물건이 핸드폰이라는 대답도 있었다. 연락을 주고받는 데 필요한 기기쯤으로 생각했던 핸드폰이, 가족의 사랑을 표현하는 수단이자 가장 소중한 물건으로 그 위상이 높아진 것이다.

산에 들어갈 때 사람들의 반응도 달라졌다. 우리나라 깊은 산에는 핸드폰이 연결되지 않는 곳이 종종 있다. 익숙하지 않은 길을 오를 때 핸드폰이 연결되지 않으면 사람들은 불안해한다. 혹시 다치거나 예상치 못한 일이 닥쳤을 때 어떻게 연락하지? 누가 나를 구조해 주지? 불안감에 휩싸인다. 급기야 산을 관리하는 관리사무소에 항의를 한다. IT강국이라는 우리나라에서 아직 핸드폰 연결이 안 되는 곳이 있냐고, 빨리 기지국을 설치하라고…….

핸드폰에 대한 애정도 대단하다. 외출할 때 핸드폰부터 챙기고, 핸드폰으로 인터넷을 하고, 은행 업무를 보고, 길을 찾고, 범죄 예방을 위한 위치 추적도 한다. 이쯤 되니 핸드폰이 손에 없으면 허전하고 괜히 불안하다.

가끔 환청도 들리고 바지 주머니에 넣어둔 핸드폰에서 신호음이 울린 것 같아 그냥 한번 열어본다. 그리고 울리지 않는 핸드폰에다 눈을 흘긴다.

'세상이 나를 잊었어.'

핸드폰이 흔해지면서 생긴 또 다른 현상은 사람들의 인내심과 기다림이 사라졌다는 것이다. 사무실에서 동료를 찾을 때 내선 전화를 눌러 보고 자리에 없으면 곧바로 핸드폰으로 전화를 한다. 1층에서 일하던 사람이 잠깐 2층에 갔을 수도 있고, 화장실에 앉아 있을 수도 있다. 그런데 그 잠깐을 기다리지 못한다.

핸드폰이 생기면서 우리가 잃은 건 이것뿐만이 아니다. 오랜만에 친구들과 둘러앉아 있다 보면, 얼마 지나지 않아 각자 자신의 핸드폰으로 통화를 하고 있는 풍경이 벌어진다. 서로 수첩을 뒤적이고 일정을 조정해서 몇 번이나 미루고 미루다가 얼마나 어렵게 만난 자리인가? 그러나 정작 만나서는 같이 있는 사람에게 최선을 다하지 않고, 그 자리에 없는 다른 누군가와 열심히 대화를 한다. 어떤 친구는 한 손으로는 차를 마시면서 다른 손으로는 열심히 문자를 보내고 있다. 지금 문자를 보내고 있는 그 사람을 만났을 때도 비슷한 풍경이 벌어졌겠지. 그러다가 헤어질 무렵이 되면, 오늘 못 다한 말은 전화로 하자고 한마디 던진다. 이럴 거면 오늘 우리가 왜 만났지? 홀로 울리지 않은 내 핸드폰을 만지작거리며 중얼거린다.

'나는 이들에게 과연 어떤 사람일까?'

핸드폰과 고릴라의 함수관계

이제는 생활필수품이 되어버린 핸드폰, 손아귀에 쏙 들어오는 이 작은 전자제품에는 검은 대륙에서 벌어지고 있는 슬픈 사연이 담겨 있다. 아프리카 중부에 위치한 콩고민주공화국은 콜탄이 많이 생산되는 나라이다. 콜탄은 주석보다 싼 회색 모래 정도의 취급을 받았다. 그런데 몇 년 전부터는 금이나 다이아몬드만큼 귀한 대접을 받고 있다.

콜탄을 정련하면 나오는 금속분말 '탄탈륨Tantalum'은 핸드폰을 만들 때 없어서는 안 되는 중요한 소재이다. 탄탈륨 커페시터Capacitor라고 하는 이 소재는 전기에너지의 저장 능력이 뛰어난 탄탈륨의 성질을 이용해서 휴대폰 내부 회로에 일정한 전압을 유지할 수 있도록 조절한다.

콜탄은 핸드폰뿐 아니라 노트북과 제트엔진, 광섬유 등의 원료로도 널리 쓰이면서 귀하신 몸이 되었다. 전 세계 첨단기기 시장에서 탄탈륨의 수요가 급증하자, 불과 몇 달 만에 콜탄 가격이 20배나 폭등하는 일이 벌어지기도 했다.

그런데 불행하게도 콩고는 지금 내전 중이다. 정부군인 후투족과 반정부군인 투치족이 서로 총부리를 겨누고 있다. 반정부군은 콜탄을 우간다와 르완다의 암시장에 팔아서 전쟁자금을 조달한다. 값비싼 콜탄 덕에 전쟁자금이 넉넉하다 보니 콩고 내전은 쉽게 끝나지 않고 오랫동안 계속되고 있다. 1990년대에는 무려 500만 명이 내전으로 희생되었다.

콜탄 채굴 광산에서 일하는 인부들에게 주어지는 장비는 삽 한 자루뿐이다. 그밖에 사고를 예방할 아무런 장비도 갖추어져 있지 않다. 2001년에는 갱도 붕괴 사고로 인부 100여 명이 사망했다. 그런데도 콜탄 값이 수십 배나 뛰는 걸 목격한 농부들은 농사짓던 땅을 버리고 일확천금을 꿈꾸며 광산으로 모여들고 있다. 그러나 아무리 뼈빠지게 일해도 그들에게 돌아가는 몫은 쥐꼬리만 한 일당뿐이다. 힘있는 중개상들이 막대한 이윤을 가로채고 있기 때문이다.

콜탄은 광부들을 착취하고 있을 뿐만 아니라, 콩고 동부에 있는 세계문화유산 카후지 비에가 국립공원도 파괴하고 있다. 광부들은 에코나무의 껍질을 벗기고 줄기에 홈통을 만든 뒤, 이것을 이용하여 진흙에서 콜탄을 골라내고 있다. 휴화산 2개로 둘러싸인 채 장관을 이루었던 공원의 숲은 이 작업 때문에 황폐해졌다.

카후지 비에가 국립공원은 지구 상에 남아 있는 고릴라의 마지막 서식지이다. 긴팔원숭이, 오랑우탄, 침팬지와 함께 사람과 닮은꼴인 유인원에 속하는 고릴라는 전 세계에서 심각한 멸종위기를 맞고 있다. 그런데 이곳에 엄청난 양의 콜탄이 묻혀 있다는 소식을 듣고 몰려든 수만 명의 사람들은 먹을 것을 구하기 위해 산 속에 있는 야생동물들을 마구잡이로 사냥해버렸다. 그나마 얼마 남지 않은 고릴라들은 사람을 피해 도망 다니는 처량한 신세가 되고 말았다. 돈을 버는 데만 혈안이 된 중개상과 다국적 기업들은 이곳의 광부들이 어떤 대접을 받고 있고 국립공원이 얼마나 파괴되었고 고릴라들이 어떻게 죽어가고 있는지에 대해서는 아무런 관심도 기울이지 않고 있다.

핸드폰의 수명은 얼마나 될까?

2010년 6월 미국 워싱턴 DC, 스마트폰을 새로 출시한 애플 매장 앞에서 콩고의 광물을 사용하지 말 것을 요구하는 시위가 벌어졌다. 미국의 시민단체와 소비자들은 스마트폰에 들어 있는 재료의 원산지를 공개할 것을 요구했고, 수많은 사람들을 학살하고 자연을 파괴하는 콩고에서 생산된 재료를 사용한 게 아니냐는 의혹도 제기했다. 그러자 애플 측에서는 '전자부품 회사에 분쟁 지역이 아닌 곳에서 생산한 광물을 사용할 것을 요구하고 있지만 솔직히 그들이 그렇게 하는지는 확신할 수 없다. 매우 어려운 문제다.'라고 답변했다.

몇 년 전부터 인텔, 모토로라, 노키아 같은 세계 유명 전자회사들도 콩고에서 생산한 광물질을 사용하지 말라는 소비자들의 압박을 받아왔다. 노키아는 2009년에 발간한 「사회책임 보고서 Sustainability Report」에서 부품 공급망을 좀 더 엄격하게 관리할 것을 약속했고, 모토로라와 인텔도 부품의 원재료 생산지를 철저히 점검하겠다고 발표했다. 하지만 부품 공급 과정이 아직 투명하게 밝혀지지 않아 논란은 계속되고 있다.

해마다 전 세계에서 새로 만들어지는 핸드폰은 10억 개가 넘는다. 왜 이렇게 많은 핸드폰이 필요한 걸까? 텔레비전과 냉장고, 세탁기 같은 가전제품의 평균 사용기간은 7년이 넘는다. 하지만 핸드폰은 2.5년에 지나지 않는다. 비슷한 가격의 전자제품보다 교체주기가 짧고, 신제품 출시 기간이 평균 2개월로 제품의 진화속도 역시 빠르기 때문이다.

아직 멀쩡한 핸드폰을 놔두고 사람들이 최신형 핸드폰을 기웃거리는 동안, 아프리카 콩고에서는 고릴라가 보금자리를 잃고, 순박한 원주민들은 지긋지긋하게 계속되는 전쟁으로 인해 목숨을 위협받고 있다.

지금 당신이 쓰는 핸드폰은 몇 살이나 되었는가? 우리가 핸드폰을 오랫동안 소중하게 쓰는 일은 단지 통신비를 아끼고 물자를 절약하는 차원에서 그치는 일이 아니다. 지구 반대편에서 살아가는 고릴라와 원주민의 소중한 생명을 보호하는 거룩한 일인 것이다. 나아가 무의미한 죽음이 거듭되는 전쟁을 하루라도 빨리 끝내고 지구촌에 진정한 평화가 찾아들게 만드는 위대한 일이기도 하다.

Tip 통신수단의 역사가 궁금해요

핸드폰도 없고 전화기도 없던 시절, 사람들은 어떻게 연락을 주고받았을까? 우리나라 높은 산봉우리 곳곳에는 봉수대가 있었다. 적군이 쳐들어오면 이 봉수대에서 낮에는 연기를 피우고 밤에는 횃불을 피웠다. 이 불이나 연기를 보고 다른 봉수대에서 다시 봉화를 피워 올리면 남해안에서 함경도까지 단숨에 소식을 전할 수 있었다.

긴급한 군사 정보와 지역소식, 공문서를 전달했던 파발제도도 있었다. 파발은 말을 타고 달리는 기발(騎撥)과 발 빠른 사람이 달려서 전달하는 보발(步撥)이 있었는데, 봉화보다 속도는 느리지만 사람이 문서를 직접 전달하므로 비밀을 유지할 수 있었다.

용 그림이 그려져 있는 용고(龍鼓)는 평소에는 악기로 쓰다가 전쟁 때에는 통신수단으로 썼다. 고대 중국의 병법에는 진군할 때는 북을 치고 후퇴할 때는 징을 울린다고 기록하고 있는데, 우리나라 전쟁 때에도 용고를 힘차게 두드렸다. 하늘에 연을 날려 전투신호를 전달했던 신호연도 있었다.

통신수단 중 가장 오래된 것은 편지이다. 기원전 2000년 고대 이집트 왕조 때 편지를 전하는 급사가 기록에 나타나 있고, 기원전 500년 페르시아에서는 수도를 중심으로 일정한 거리에 숙박소를 두고 말과 마부가 편지를 운반하는 역마제도가 있었다. 이러한 우편의 역사가 발달하여 오늘날 우체국과 우체부가 등장하게 되었다. 1990년대부터는 인터넷이 발달하면서 이메일로 소식을 전하는 일이 흔해졌다.

과학기술이 발달하면서 다양한 통신기술이 등장하기도 했다. 짧은 거리에서 통화가 가능한 무전기가 개발되었고, 흔히 '햄(ham)'이라고 부르는 아마추어 무선통신도 등장했다. 집집마다 전화기가 보급되었고 거리에는 공중전화기가 설치되었다. 소식이 오면 '삐삐'하는 소리가 나는 무선호출기도 유행했는데, 그 뒤를 이어 핸드폰이 등장하면서 이동 중에도 실시간으로 소식을 전할 수 있게 되었다.

생각키우기

❶ 최초로 핸드폰을 갖게 된 것은 언제인가?

❷ 지금 사용하는 핸드폰은 몇 번째 핸드폰이고, 핸드폰을 교체하는 까닭은 무엇인가?

❸ 우리 집에 있는 가전제품의 종류와 사용연도를 적어 보자.

❹ 핸드폰 부품 공급 과정이 투명한 기업의 제품 A와 그렇지 않은 기업의 제품 B가 있다. 성능과 디자인은 유사하지만 제품 A의 가격이 비싸다고 할 때, 여러분은 어떤 제품을 선택하겠는가? 그리고 그 이유는 무엇인가?

산새들의 연애를 방해하지 마세요

'야호'는 무슨 뜻일까?

"야~호! 야~호! 야~호!"

고요한 일요일 아침, 집 뒷산에서 들려오는 '야호' 소리에 화들짝 놀라 잠에서 깨어났다. 동네 아저씨가 운동하러 나왔다가 스트레스까지 풀어 버리는 모양이다. 한 번으론 양이 차질 않는지 연속으로 야호를 외친다. 덕분에 휴일의 달콤한 늦잠을 방해받은 나는 기분이 상했다. '야호'를 외치는 게 그 아저씨에게는 스트레스 해소법일지 모르지만, 집 안에서 듣는 나에게는 심한 스트레스가 되었다. 동네 뒷산이 이 정도인데 날마다 수많은 등산객이 오르내리는 유명한 산들은 과연 어떨까?

'지리산 천왕봉, 소백산 비로봉, 설악산 대청봉…….' 이름만 들어도 가슴이 벅차오르는 우리나라 명산의 봉우리들이다. 이 봉우리들의 공통점은 탈모가 심각하게 진행된 상태라는 것이다.

산행하는 사람들의 목표는 오로지 정상 정복이다. 산 정상에 보물이라도 숨겨놨는지, 다들 정상을 향해 무섭게 질주한다. 기필코 정상을 밟아야만 등산을 했다고 생각한다. 남에게 뒤떨어지면 큰일이라도 나는 것처럼 헉헉거리며 올라 바위를 끌어안고 사진을 찍고 핸드폰으로 도시에 있는 친구에게 생중계를 한다. 정상이 얼마나 멋진 곳인 줄 아느냐, 다른 사람보다 내가 얼마나 빨리 봉우리에 오른 줄 아느냐…….

그렇게 너도나도 밟아대는 통에 나무는 쓰러지고 풀은 밟혀 죽고 흙마저 쓸려가 버려서 정상 봉우리는 바위만 앙상하게 드러난 대머리 신세가 되었다.

이렇게 정상에 오른 사람들이 꼭 하는 행동이 하나 있다. 산이 떠나가도록 쩌렁쩌렁하게 고함을 지르며 호연지기를 드높이는 일이다.

"야~호!"

왜 산 정상에선 야호라고 외치는 걸까? 산에서 다른 사람을 부르거나 신호를 보낼 때 독일어권에서는 '요호Johoo'라고 외치는데, 이 말에서 유래되었다는 이야기가 있다. 산에서 조난을 당해 구조요청을 할 때 '야호'라고 외쳤는데, 그 소리를 들은 사람들이 따라 하기 시작했다고도 한다. 산에서 적이 쳐들어 오는 걸 감시하다가 봉화를 피워 올릴 때 '야~호, 불어라'라고 외쳤던 게 유래가 되었다는 설도 있다.

아무튼 정확한 유래는 알 수 없지만, '야호'는 지금도 이름난 산봉우리부터 동네 뒷산까지 쩌렁쩌렁 울려대고 있다. 누군가 우리 집 앞에서 날마다 소리를 지른다고 상상해 보자. 줄리엣의 창문을 열어달라고 부르는 로미오의 달콤한 세레나데도 아니고, 목이 쩍 갈라진 소리로 쉼 없이 외치는 고함을 날마다 듣는 것보다 끔찍한 일이 또 있을까!

산새들은 지금 짝짓기 중

4월~7월은 산새들이 짝짓기를 하고 알을 낳아 품는 때이다. 봄이 오면 산새들은 번식을 위해 부지런히 움직이고 열심히 지저귄다. 사람에게는 이 소리가 아름다운 노랫소리로 들리지만 새에게는 종족번식을 위한 절박한 외침이다.

번식기를 맞은 수컷은 자신만의 영역을 정해 놓고, 다른 수컷이 침입하지 못하도록 방어하는 텃세권을 만든다. 텃세권을 마련해야 암컷을 유혹할 수 있는 기회를 얻을 수 있다. 수컷이 지저귀는 소리는 바로 이 텃세권을 주장하는 치열한 몸부림인 것이다.

수컷과 암컷이 만나 짝짓기를 해서 알을 낳으면, 암컷은 알을 부화시키기 위해 따뜻하게 품는다. 아이를 가진 임산부처럼 이 시기의 암컷은 무척 예민해진다.

이러한 번식기에 숲을 찾아든 사람들이 외치는 '야호' 소리는 새와 야생동물을 깜짝 놀라게 한다. 고함 소리에 놀라 도망 다니기 바쁜 야생동물은 새끼를 낳지 못하거나, 낳아도 불안해서 제대로 기를 수가 없다. 그래서 알을 품고 있던 어미새가 놀라서 둥지를 버리고 도망가기도 하고, 스트레스를 받아 알을 깨뜨리는 일도 벌어진다. 그렇게 야생동물은 사람을 피해 이리저리 도망 다니다 짝을 만날 기회가 줄어들어 번식기를 놓치는 일이 잦아진다.

사람이 내지르는 야호는 얼마나 큰 소음일까? 사람들의 대화는 65dB, 지하철 소음은 80~90dB, 공장 소음은 90~100dB이다. 85dB이 넘어가면 사람이나 새가 불쾌감을 느끼고, 130dB이 넘으면 신체에 손상을 줄 수 있다. 산에서 외치는 야호는 110dB이 넘는다. 소음에 계속 시달리면 정신 이상이 되는 사람이 있듯이, 야생동물도 소음 때문에 괴롭기는 마찬가지이다.

라디오를 들으며 걷는 사람, 음악을 틀어놓고 춤추는 사람, 자동차 경적과 핸드폰 벨 소리, 음식점에서 나는 왁자지껄한 소음…… 사람들은 온갖 소란스러움을 산으로 가져간다. 주위 소음이 높아지면서 사람들의 목소리도 높아진다. 소음에 길들여진 사람들에게는 익숙한 소리이지만 야생동물에게는 심한 스트레스이고, 기를 죽이는 소리이고, 독이 담긴 소리가 된다.

산에서 지르는 고함 소리는 여러 차례 메아리가 되어 울린다. 청각이 발달되어 멀리서 나는 작은 소리도 잘 듣는 야생동물은 사람보다 더 심한 스트레스를 받는다. 덩달아 동물들의 편안한 안식처도 사라져서 동물들은 점점 더 깊은 곳, 사람들이 닿을 수 없는 곳으로 숨어들기 바쁘다. 올무와 덫을 놓는 밀렵꾼이 야생동물을 위협하는 것처럼, 등산객이 무심코 외치는 고함 소리도 동물을 멸종의 벼랑으로 내몰고 있다.

소리가 자연에 미치는 영향

미국의 심리학자 엘머 게이츠 박사는 사람이 호흡할 때 내뿜는 입김으로 실험을 했다. 입김을 차가운 유리관에 모아 액체공기로 식혔더니 침전

물이 생겼다. 사람의 감정 상태에 따라 그 침전물은 다양한 색깔로 나타났다. 평온할 때의 입김은 무색, 화를 낼 때는 고동색, 슬퍼할 때는 회색, 괴로워할 때는 담홍색이었다. 그 중 화를 낼 때의 입김의 고동색 침전물을 쥐에게 주사했다. 그러자 쥐는 몇 분 뒤에 죽고 말았다.

게이츠 박사는 사람이 화를 낼 때 내뿜는 입김에는 무서운 독성이 있다고 분석했다. 1시간 정도 계속 화를 내면 무려 80명을 죽일 수 있는 독을 내뿜는다고 한다. 사람의 말은 사람을 살리기도 하고 죽이기도 한다. 기분 좋은 말은 사람의 기(氣)를 살리고, 기분 나쁜 말은 기를 죽인다. 억울한 말을 들으면 기가 막힌다고 하는 것도 바로 이런 까닭이다.

우리는 서로에게 상처를 주는 말을 자주 한다. 화를 내기도 하고 온갖 욕을 퍼붓고 저주를 하기도 한다. 마음 속 울분이 삭을 때까지 쏟아 내다가 결국에는 깊은 상처를 남기고 만다. 사람도 이러한데 자연의 생명에게는 과연 어떤 영향을 미칠까?

숲에서 새의 숫자가 줄어들면 새들이 잡아먹던 벌레가 부쩍 늘어나게 된다. 이 벌레들은 숲뿐만이 아니라 농작물에도 피해를 준다. 또, 새와 야생동물이 나무 열매의 씨앗을 먹고 똥을 싸거나 털에 붙여서 곳곳에 퍼트리는 일도 줄어든다. 일생을 한 곳에서 뿌리내린 나무는 이런 방법으로 자손을 널리 퍼트리는데, 새들이 줄어들면 결국 나무와 숲에도 좋지 않는 영향을 미치게 된다. 숲이 건강하지 않으면 나무가 내뿜는 공기와 뿌리가 머금고 있는 맑은 물에도 영향을 미치고, 결국 그 영향은 부메랑이 되어 사람에게 돌아온다.

산에서는 목소리를 낮추고 자연의 소리에 귀를 기울여보자. 시원한 바람 소리, 맑은 물 소리, 나뭇잎이 흔들리는 소리, 풀잎이 몸을 부비는 소리……. 자연의 소리는 마음을 편안하게 한다. 입은 잠시 침묵하고 분주한 마음도 가라앉히고, 오감을 열고 자연이 연주하는 소리에 귀를 기울여보자. 그 순간, 자연과 온전히 하나가 되는 자신을 발견할 수 있을 것이다.

Tip 지구를 사랑하는 산행법

- 천천히 산을 오르자. 아름드리 고목과 푸른 식물, 생명의 시원인 습지, 변화무쌍한 햇볕과 구름, 이 모두가 어우러진 천연의 숲을 느끼자.
- 이름난 곳을 한꺼번에 모두 보겠다는 욕심이나 조바심을 내지 말자. 어느 것 하나 제대로 느끼지 못할 수 있다.
- 지름길을 만들지 말자.
- 정상에 올라 야호를 외치지 말자. 새와 물고기의 산란기, 동물의 번식기나 짝짓기 때는 그들도 사람처럼 예민하다.
- 과일껍질을 그냥 버리면 안 된다. 껍질에 묻어 있는 미세한 농약을 먹고 새와 곤충들이 죽을 수 있다.
- 계곡물에 발을 담그면 1급수 맑은 물에만 사는 물고기들이 살 수 없게 된다.
- 물고기를 잡았다 놓아주어도 사람의 체온 때문에 화상을 입을 수 있다.
- 들어가지 말라는 곳에 자꾸 들어가면 관리사무소는 어쩔 수 없이 철조망을 치게 되어 흉물스런 철제구조물이 들어선다.
- 화장을 하거나 향수를 뿌리고 가지 말자. 땀을 많이 흘리는 산행에 화장은 건강에 좋지도 않고 냄새에 민감한 야생동물을 자극할 수 있다.
- 배낭에 매단 컵 부딪히는 소리와 라디오 소리, 음악소리, 핸드폰 같은 기계음은 귀가 발달한 동물들을 멀리 도망가게 만든다.
- 산악회 이름이 인쇄된 리본을 달면 목이 졸린 나뭇가지가 더 이상 자랄 수 없고 숲의 원시성도 사라진다.

생각키우기

❶ 소음이 인체에 미치는 영향을 조사하고, 시끄러운 장소에서 느꼈던 기분과 비교해 보자.

❷ 소음으로 인해 발생한 사건이나 다툼, 분쟁을 조사해 보자.

❸ 아파트에 사는 사람들은 층간 소음 때문에 다툼이 잦다. 우리 집은 쿵쿵 뛰거나 소란을 피운 적이 없는데 아래층 사람이 시끄럽다고 자꾸 항의를 한다면 어떻게 해결해야 할지 토론해 보자.

북극곰이 더워서 헉헉거린다고?

북극의 신사와 인사하세요

안녕? 내 이름은 북극곰. 내가 귀엽게 생겼다구? 내 몸길이는 2.6m나 된단다. 보통 사람보다 훨씬 커. 몸무게는 암컷이 200~400kg 정도이고, 수컷은 적게는 400kg에서 많게는 무려 800kg이나 된단다. 어때, 놀랍지?

그런데 아무리 봐도 내 친구 불곰보다는 작아 보인다구? 그 비밀을 말해줄까? 내 얼굴과 목 부위는 길고 귀는 상대적으로 작아서 늘씬하게 보이는 거야. 또, 수영을 잘 할 수 있도록 유선형 몸매를 가지고 있어서 비슷한 덩치의 불곰보다 작게 보일 뿐이야.

전 세계에 사는 내 친구는 모두 8종류야. 불곰과 느림보곰, 아메리카흑곰, 안경곰, 말레이곰이라고도 하는 태양곰, 판다곰, 그리고 한반도에도 사는 반달가슴곰이 있지. 우리 친구들의 숫자는 그리 많지 않아. 그래서 지구 상에 있는 모든 곰은 멸종위기종으로 특별히 보호받고 있어. 이 곰들 가운데 내 덩치가 제일 커. 그럼, 둔하지 않겠냐고? 천만에.

나는 100m를 36초에 헤엄칠 수 있어. 마린보이 박태환보다 빠르지. 내 수영실력의 비밀은 발가락 사이에 있는 물갈퀴 덕분이야. 발가락은 긴 털로 덮여 있는데 이것이 열의 손실을 막아 체온이 떨어지지 않도록 하지. 얼음판 위에서 잘 미끄러지지도 않고, 사냥감을 덮치려고 살금살금 다가갈 때 발소리를 없애는 중요한 역할도 해. 어때, 대단하지?

또 다른 얘기도 해 줄까? 새끼를 가진 어미 북극곰은 3m 정도 깊이로 눈을 파서 굴을 만들어. 사방이 눈으로 뒤덮인 이 굴은 바깥보다 훨씬 따뜻해. 이 굴에는 오래된 공기를 내보내고 신선한 공기를 들여보내는 환기구멍도 뚫려 있어. 환기구멍이 없다면 열 때문에 눈벽이 녹아 버리겠지. 이 정도면 우리가 얼마나 똑똑한지 알 수 있겠지?

내가 사는 곳은 알래스카와 캐나다 북부, 그린란드, 노르웨이 같이 두꺼운 얼음이 있는 해안선과 얼음 섬이야. 강풍과 파도가 얼음을 깨 주어서 물개와 바다표범을 쉽게 잡을 수 있지. 그래서 나는 이곳을 좋아해. 가끔 해안에 떠밀려온 죽은 고래도 먹고, 얼음이 녹아 사냥을 할 수 없는 여름에는 풀과 열매와 해초도 맛있게 먹어.

사냥하는 방법도 얘기해 줄까? 나는 코를 몇 번 킁킁거리면 물개가 있는 곳을 금방 알아챌 수 있어. 그리고 물개가 눈치채지 않게 살금살금 접근하는데, 어떨 때는 몇 시간씩 꼼짝하지 않고 기다리기도 해. 호시탐탐 기회를 엿보다가 물개가 방심한 틈을 노려 앞발로 강한 펀치를 날리거나 잽싸게 목을 물지.

나는 두껍고 기름진 흰 털코트를 입고 있어. 내 몸이 자라면 흰 털은 누르스름한 황백색으로 변해. 이 털코트는 하얀 만년설과 빙하 속에서 내 몸을 숨겨 준단다. 그래서 사냥할 때 유리하지. 나는 순한 표정을 하고 있지만 성격은 매우 사나워. 그리고 짝짓기철이나 새끼곰을 돌볼 때가 아니면 혼자서 고독하게 살아. 고독은 우리의 운명이야.

몇 해 전부터 나는 인기스타가 되었어. 지구촌 사람들이 모두 나를 알아보게 되었거든. 그런데 하나도 기쁘진 않아. 내가 유명해진 이유는 우리들이 위기에 빠졌기 때문이거든. 우리는 주로 물 밖에서 사냥을 하는데, 지구가 점점 더워지고 얼음이 빨리 녹으면서 사냥 기간도 짧아져 버렸어. 이러다가 정말 굶어죽게 생겼어. 배고픔을 견디지 못한 친구들은 사람이 사는 마을에 찾아가 쓰레기통을 뒤지기도 했어. 인기스타 북극곰의 체면이 말이 아니지. 얼음이 빨리 녹으면서 얼음과 얼음 사이 간격이 멀어지는 바람에 어떤 친구는 그만 바다에 빠져 죽기도 했어.

지구온난화뿐만이 아니라 우리를 잡으려는 밀렵꾼들과 해안 개발, 그리고 바다 오염으로 인해 몸속에 쌓이는 중금속도 우리를 위협하고 있어. 1987년 허드슨 만에는 내 친구들이 1,200마리나 살았는데, 2004년에는 950마리만이 남았어. 2005년 세계자연보호기금 WWF, World Wide Fund for Nature 은 앞으로 20년이 지나면 우리를 멸종동물도감에서나 볼 수 있을 거라고 경고했지. 얼음을 좋아하는 바다표범과 바다코끼리, 흰돌고래도 어려움을 겪고 있고, 갈가마귀, 흰멧새 같은 새들과 순록 같은 야생동물들도 위협을 받고 있어. 그런데 지구는 왜 자꾸 더워지는 거니?

지구는 왜 자꾸 더워질까?

지구의 표면에는 다양한 기체들이 모여 지구를 감싸고 있다. 태양이 내뿜는 따뜻한 열에너지가 지구의 표면에 닿으면 일부는 흡수하고, 일부는 반사되어 우주로 날아간다. 이 때 지구를 감싸고 있는 기체들이 우주로 날아가는 열에너지를 붙잡아 두는데, 마치 온실의 유리 같은 구실을 한다고 해서 '온실가스'라고 한다.

이 온실가스 때문에 열이 모두 날아가지 않고 지구에서 생명체가 살 수 있는 평균 온도인 15℃를 유지하게 된다. 그런데 온실가스가 점점 늘어나면서 우주 밖으로 날아가는 열이 적어지고 지구의 온도가 점점 높아지고 있다. 그래서 지구가 점점 뜨거워지는 것이다.

대기 중에 떠있는 온실가스에는 수증기와 오존, 이산화탄소, 메탄, 아산화질소 등이 있다. 그런데 18세기 말 산업혁명이 시작되면서 자원과 에너지를 급격하게 많이 소비하게 되자, 엄청난 양의 온실가스가 대기 중으로 배출되었다.

인간의 활동 때문에 발생하는 온실가스는 이산화탄소, 메탄, 아산화질소, 수소불화탄소, 과불화탄소, 육불화황 등이 있다. 그 중 이산화탄소 발생량이 급격하게 늘었는데, 석유와 석탄, 천연가스 같은 화석연료를 태울 때 이산화탄소가 90% 이상 발생한다. 물건을 만드는 공장과 도로를 질주하는 자동차, 난방을 위한 도시가스, 가전제품과 조명기구에 사용하는 전기에너지를 생산할 때도 많은 양의 이산화탄소가 배출된다. 나무를 베고 숲이 사라지면서 이산화탄소를 흡수하여 산소로 바꾸는 자정 효과마저 줄어들어 피해는 더욱 늘고 있다.

지구온난화의 여파는 심각하다. 지구의 온도가 올라가서 빙하와 만년설이 녹으면 구름량과 강수량에도 영향을 미친다. 그 결과 바닷물의 수온과 염도가 변하고 해양순환이 영향을 받는다. 이 과정에서 생겨나는 기상이변은 가뭄, 사이클론, 홍수와 같은 자연재해를 일으키고, 그 결과로 사상자와 환경난민이 생겨난다. 뿐만 아니라 기아와 질병 확산, 생물다양성 감소, 경제 손실 등 다양한 환경 재앙이 연이어 발생한다.

이처럼 지구온난화는 빙하가 녹고 해수면이 잠기는 정도에서 그치지 않고 지구의 기후체계를 뒤흔들어 놓는다. 혹독한 가뭄과 태풍, 홍수, 회오리바람, 해일과 같은 기상이변이 해마다 더 자주, 더 넓은 지역에서 발생하는 것은 모두 지구온난화 때문이다.

1997년과 1998년에 20세기 최대 규모의 엘니뇨가 발생했고, 1999년에는 라니냐가 나타나면서 지구촌 곳곳에 큰 피해를 끼쳤다. 인도네시아에서는 1년 가까이 계속된 가뭄과 산불로 서울시 면적(605.25km^2)의 두 배가 넘는 13만 ha의 숲이 사라져버렸다. '지구의 허파'라고 불리는 브라질 아마존 강 일대의 숲도 61만 ha나 타버렸다. 중국은 양쯔강에 대홍수가 나서 3,600명이 사망했고, 베트남에서는 고온과 홍수 때문에 발생한 뎅기열이 전국을 휩쓸었다.

2000년에는 동부 아프리카 지역에 심한 가뭄이 들어 800만 명이 굶주렸고, 2003년에는 서남 아시아에 한파가 몰아쳐서 방글라데시, 인도, 파키스탄에서 1,300명이 얼어 죽었다. 2004년에는 유럽과 터키 지방의 폭설,

중국 대륙의 태풍과 홍수, 필리핀의 태풍으로 인해 수많은 사람들이 희생되었다.

2005년에는 초대형 허리케인 카트리나가 미국 뉴올리언스 지역의 80%를 침수시켜 1,500명이 숨지고 80만 명의 이재민이 발생했다. 아프리카의 차드 호는 40년 만에 면적이 90% 이상 줄어들었다. 2010년 중국 서북부 티베트 자치구에서는 폭우와 함께 거대한 산사태가 일어나 2,000명이 실종됐고, 인도 북부 라다크 지역에서는 극심한 홍수로 600명이 실종되었다. 이 때문에 중국에서는 농산물 가격이 급등했고 국제 곡물가격 역시 요동쳤다. 밀은 두 달 동안 80%나 폭등했고, 옥수수와 보리도 70%나 값이 올랐다.

한반도는 안전지대가 아니다

지난 1만 년 동안 지구의 기온은 1℃ 이상 변하지 않았다. 그런데 산업혁명 이후 지난 100년간 지구의 평균 기온은 0.6℃ 상승했다. 그 중 한반도는 지구 상의 다른 어느 지역보다도 상승폭이 커서 1.7℃나 높아졌다. 동해의 해수면은 지난 10년 동안 해마다 6.6mm씩 올라갔다. 전 세계 해수면은 평균 3mm씩 높아지고 있는데 그보다 두 배나 빠른 속도이다.

국제에너지기구 IEA의 보고서에 따르면 우리나라는 2008년 기준으로 온실가스 배출량 세계 9위를 기록했다. 2000년 동해안 산불, 2001년 극심한 봄 가뭄, 2002년 태풍 루사, 2003년 태풍 매미, 2004년 3월 폭설, 2007년 8월 북한 지역의 집중호우와 같은 해 9월 남한 지역의 태풍 나리, 2010년

3월 한파와 7월과 8월의 폭염, 2011년 1월의 이례적인 한파 등 한반도에도 기상이변이 잇따르고 있다. 1920년에 비해 1990년 겨울은 한 달 가량 짧아졌고, 봄과 여름은 길어져서 개나리와 벚꽃 등 봄꽃의 개화시기가 빨라졌다. 곤충은 1년에 2번이나 탈피를 하고, 식물의 남방한계선과 북방한계선이 옮겨지고, 동해에 형성되는 어장과 물고기의 종류도 달라지고 있다. 이 모두가 지구온난화가 초래한 결과이다.

요즘 사람들은 자가용으로 출근을 하고, 쇼핑할 때도 차를 가지고 가고, 심지어는 가까운 가게에 갈 때도 차를 몰고 간다. 겨울에는 차 안을 미리 훈훈하게 하려고 공회전을 한다. 바깥 기온은 영하로 내려가도 아파트 안은 반팔 티셔츠나 속옷 차림으로 지낼 수 있을 정도로 덥다. 여름에는 아무리 기온이 높아져도 성능 좋은 에어컨 덕분에 실내는 늘 서늘하다. 지하철이나 공공건물은 긴소매 옷이 필요할 정도로 춥다. 어떤 광고는 에어컨을 켜면 세상이 1℃ 시원해진다고 떠들고 있지만, 사실은 에어컨이 내뿜는 열기가 지구를 덥게 만드는데 한몫하고 있는 것이다.

우리가 이처럼 에너지를 펑펑 써대는 바람에 북극곰은 더위에 헉헉거리고 있다. 머잖아 북극곰은 멸종동물도감에서나 만날 수 있게 될지도 모른다. 그런데 문제는 빙하가 녹고 바닷물 수위가 올라가는 게 북극곰을 걱정하는 일로 끝나지 않는다는 사실이다. 벌써 한반도에도 기상이변이 시작되고 있지 않은가.

지구온난화는 강 건너 불구경이 아니다. 이대로 가면 우리 아이들과 후손들은 호된 대가를 치러야 할 게 분명하다. 우리가 진정으로 다음 세대를 걱정한다면, 억만금의 재산보다 지금 우리가 누리고 있는 푸른 자연을 온전히 물려주기 위해 노력해야 한다. 그들도 장엄한 북극의 빙하를 보며 감동을 받고, 북극곰의 생태를 통해 숭고한 생명의 신비를 배우고 느껴야 하지 않겠는가.

가전제품은 이산화탄소를 얼마나 방출할까?

기기명	소비전력 kWh	하루 평균 사용시간	월간사용량 kWh	CO_2 배출량 kg	축구공 1개 환산부피
할로겐렌지	2,000	3.0	180	84.4	8,805.5
전기 프라이팬	1,500	1.0	45	21.1	2,201.3
다리미	1,450	0.5	5.8	2.7	283.7
에어컨	1,300	4.0	156	73.2	7,631
핫플레이트	1,300	2.0	78	36.6	3,815.5
전자레인지	1,050	0.5	15.75	7.4	770.4
전기스토브	900	4.0	108	50.7	5,280
전기밥솥 6인용	580	1.0	17.4	8.2	851.2
세탁기 10kg	550	1.0	4.4	2.1	215.2
전기장판	350	10.0	105	49.2	5,136.3
청소기	310	0.5	4.65	2.2	227.5
컴퓨터 본체	250	4.0	30	14.1	1,467.5
LCD 텔레비전 32인치	120	5.0	18	8.4	880.5
오디오	70	4.0	8.4	3.9	410.9
냉장고 양문형	60	24.0	43.2	20.3	2,113.2
백열등	60	5.0	9	4.2	440.3
컴퓨터 모니터	55	4.0	6.6	3.1	322.9
선풍기 14인치	44	6.0	7.92	3.7	387.4
공기청정기	44	15.0	19.8	9.3	968.6
가습기	37	10.0	11.1	5.2	543
형광등	25	5.0	3.75	1.8	183.4
김치냉장고	24	24.0	17.28	8.1	845.3

출처 : 에너지시민연대, 「CO_2 10% 줄이기 우리 가족 7가지 좋은 습관」

① 1987년에 1,200마리였던 북극곰은 2004년에 950마리로 감소했다. 그 원인을 정리해 보자.

② 지난 1만 년 동안 지구의 기온은 1℃ 이상 변한 적이 없었는데, 최근 100년 동안 평균 기온이 0.6℃나 올랐다. 지구가 점점 더워지면서 생긴 다양한 변화에 대해 조사해 보자.

③ 화석연료를 많이 쓰면 생활은 편리하지만 지구온난화는 더욱 심해진다. 지금처럼 편리하게 살면서 지구온난화를 앞당기는 생활 방식을 선택하겠는가, 불편하지만 지구온난화를 늦추는 생활 방식을 선택하겠는가? 그 이유는 무엇인가?

 귀신고래의 아름답고 특별한 항해

동해의 수호신 귀신고래

나는 누구일까? 사람이 죽으면 넋이 남아 구천을 떠돈다고 하지. 내 친구들 중에는 처녀 귀신, 아기동자 귀신, 할머니 귀신도 있어. 나는 물 속을 돌아다니면서 살아. 그럼, 물귀신이냐구? 아니, 내 이름은 귀신고래야! 어때, 이름만 들어도 으스스하지?

내 이름은 어부들이 지어 주었어. 고래를 잡는 포경선이 쫓아오면 우리는 순식간에 헤엄치는 방향을 바꾸거든. 그걸 보고 우리가 귀신처럼 사라진다고 해서 '귀신고래'라고 불렀대. 나를 표현하는 한자성어도 '신출귀몰(神出鬼沒)'이야. 귀신처럼 빠르게 나타났다가 사라진다는 뜻이지.

그런데 난 내 이름에 불만이 많아. 내 미모에 어울리는 예쁜 이름을 갖고 싶다구. 하지만 지금 이름은 내 출중한 수영 실력 때문에 생긴 것이니 그냥 참기로 했어. 쇠고래라는 또 다른 이름도 있으니까.

나는 몸 길이가 16m에 몸무게는 35t이나 되는 대형 고래야. 바다 밑바닥에 있는 진흙물을 들이켜서 그 속에 있는 작은 물고기를 먹고 살지. 몸 전체는 회색 반점이 있고 하얀 색의 줄무늬 결도 있어. 멀리서 얼핏 보면 울긋불긋한 황색으로 보이지. 그건 내 몸에 붙어서 사는 따개비와 조개삿 갓, 굴, 고래이 같은 부착생물들 때문이야. 이 친구들은 내 머리와 꼬리지 느러미 쪽에 다닥다닥 붙어서 살아. 이 부착생물 때문에 내 몸은 갯가의 바위 같기도 해. 이 녀석들은 내가 헤엄쳐 다니는 곳마다 같이 여행을 다 니지. 어때? 이 귀신고래는 친절하고 마음도 넓지?

바다 멀리에서도 나를 알아보는 방법을 가르쳐 줄까? 나는 수영할 때 4m 정도 높이에서 좌우로 갈라지는 풍성한 분기(噴氣)를 만들어 낸단다. 분기가 뭐냐구? 사람들은 고래가 헤엄칠 때 물을 뿜는다고 생각하지. 그건 물이 아니라 숨을 내쉴 때 몸 속에 있던 따뜻한 공기가 바깥으로 나가 차가운 공기와 만나면서 발생하는 수증기야. 잠수할 때 혈관 장애를 막아 주는 점액질이 함께 뿜어 나와서 마치 분수같아 보이는 거야. 이 분기가 바로 내 특기지.

나는 잠수도 잘 하고, 뛰어 오르기, 꼬리치기, 주위 둘러보기, 파도 타기, 수면 가르기도 잘 해. 그런데 몸이 무거워서 공중회전은 할 수가 없어. 내 친구 긴부리돌고래는 공중에서 무려 일곱 번이나 회전을 해. 참 놀랍고도 기특한 녀석이지.

나는 잠수할 때 꼬리를 들어 올리는 버릇이 있어. 등지느러미 대신 커다 란 혹 같은 융기가 있고, 작은 융기는 꼬리까지 연속으로 나 있어. 무엇보 다 내 몸에는 따개비와 굴 같은 녀석들이 더덕더덕 붙어 있으니까 북극고

래나 혹등고래랑 헷갈리면 절대 안 돼. 나를 단번에 알아봐야 해!

나는 러시아의 앞바다인 오호츠크 해에 살고 있어. 먹이가 풍부한 이곳에서 여름을 보내다가 바다가 어는 겨울이 되기 전에 동해를 따라 내려가서 따뜻한 남해와 동중국해까지 긴 여행을 떠난단다. 그리고 2월~3월이 되면 그곳에서 새끼를 낳고 봄이 오면 다시 맛있는 먹이를 찾아 오호츠크 해로 돌아간단다. 그래서 회유성 고래라고 하지.

나는 한국과 인연이 깊어. 미국 과학자 로이 채프먼 앤드류는 1912년부터 울산 앞바다에서 우리를 연구했는데, 1914년 논문을 발표하면서 우리를 '한국계 귀신고래 Korean Gray Whale'라는 이름으로 전 세계에 알렸어. 바다를 누비는 수많은 고래 가운데 유일하게 한국이라는 이름이 붙게 되었지. 19세기까지만 해도 동해에는 내 친구들이 흔했고, 다른 고래들도 많아서 '고래의 바다'라는 뜻인 '경해(鯨海)'라고 불렀어. 외국 포경선이 기록한 자료를 보면 '사방팔방에 득실득실하고 50~60km에 걸쳐 고래뿐이었다. 배가 빨리 갈 때는 고래 등 위로 올라가기도 하고, 고래가 배를 향해 오기도 했다.'고 해. 얼마나 많았는지 상상이 되니?

그런데 말야, 지금 고래 전문가들은 우리를 연구하려고 무척 애를 쓰고 있어. 왜냐하면 우리 친구들이 거의 사라졌기 때문이야. 그 많던 내 친구들은 모두 어디로 갔을까?

바다를 오염시키는 것들

가장 낮은 곳에서 세상의 모든 걸 품어주는 바다, 그 바다는 이제 대형

할인매장처럼 온갖 물건을 갖춘 쓰레기장으로 변해 가고 있다. 쓰레기가 바다로 들어가는 좋은 통로는 강이다. 장마철 폭우나 태풍이 몰려올 때 길거리에 아무렇게나 버려진 쓰레기들이 냇가와 강을 타고 바다로 여행을 떠난다. 해변에 함부로 버린 쓰레기도 밀물과 썰물에 휩쓸려 바다로 들어간다. 배에서 버리는 쓰레기도 만만치 않다. 어업용, 낚시용, 레저용, 군용 등 온갖 종류의 배에서 쓰레기를 버리고 있다. 양식 시설이나 어구, 어망 같은 어업용 도구들이 태풍으로 자연유실 되면 쓰레기로 전락한다.

문제는 바다로 흘러들어간 쓰레기가 한 곳에 머물지 않고 장거리 여행을 떠난다는 사실이다. 일본 교토부 교탱고시에는 우리나라에서 표류해 온 쓰레기들을 전시해 놓은 전시장이 있다. 겨울철 북서풍과 쿠로시오 난류를 타고 우리나라 상표를 부착한 세제병과 음료수병, 스티로폼 용기, 심지어 라디오까지 일본으로 흘러간다. 그리고 우리나라 서해안에는 중국산 쓰레기들이 밀려든다.

일본과 하와이 섬 북쪽 사이에 있는 태평양에는 거대한 쓰레기 더미가 두 군데 떠 있다. 이곳을 '태평양 거대 쓰레기 지대 GPGP, Great Pacific Garbage Patch', 쓰레기섬이라고 부른다. 순환하는 해류와 강한 바람을 타고 전 세계에서 모여든 이 다국적 쓰레기는 태평양 한가운데에 집결하여 마치 섬 같은 모습을 갖추고 있다.

미국 해양대기관리처 NOAA는 이곳에 있는 쓰레기를 약 1억 t으로 추산하고 있다. 플라스틱 병, 폐타이어, 버려진 그물, 장난감 등 종류도 무척 다양한데, 이 쓰레기의 90%가 플라스틱 제품이다. 1950년대부터 10년마다

10배씩 증가한 이 쓰레기섬은 인류가 만들어낸 인공물 중 가장 규모가 큰 것으로, 하와이 북쪽에 있는 쓰레기섬 하나만 해도 한반도의 7배나 된다. 쓰레기는 그저 모여 있는 것으로 그치지 않고 바다동물들에게 심각한 피해를 입히고 있다.

바다동물들은 비닐이나 플라스틱과 먹이를 구별하지 못한다. 손과 발, 또는 도구를 이용해서 골라내지도 못한다. 물속에서 플라스틱 조각과 부스러진 스티로폼은 물고기의 알이나 작은 생물처럼 보이고, 비닐봉지는 해파리나 오징어처럼 보인다. 이런 쓰레기들을 먹이로 착각하고 삼킨 바다동물은 소화되지 않는 플라스틱과 비닐이 위장에 가득 차서 항상 포만감을 느끼다가 결국은 영양실조로 죽고 만다. 고래, 돌고래, 바다표범, 바다거북과 같은 덩치가 큰 생물들도 이런 쓰레기들을 함부로 삼켜서 날카로운 플라스틱 조각에 내장을 다치기도 하고 심하면 목숨을 잃기도 한다.

새들도 피해를 입는다. 플라스틱 쓰레기는 자외선을 받아 서서히 부스러지는데, 새들은 이것을 먹이로 착각하고 삼켜버린다. 플라스틱이 포만감을 주기 때문에 새들은 결국 굶어 죽게 된다. 미국 해양대기관리처는 하와이 섬 주변에서 죽은 새들을 수없이 발견했는데, 새들의 위 속에는 플라스틱만 가득 들어 있었다고 한다.

고래는 어디로 갔을까?

옛날 동해안 울산 앞바다에서는 11월~12월과 4월~5월 무렵이면 거대하고 아름다운 여행자인 귀신고래를 심심찮게 만날 수 있었다. 귀신고래들이 이동하는 바다를 보호하기 위해 우리나라에서는 1962년 울산 앞바다를 '극경회유해면(克鯨廻遊海面, 귀신고래가 돌아오는 바다)'이라 하여 천연기념물 제126호로 지정하여 보호했다. 지금도 울산 반구대에 있는 선사시대 암각화에는 새끼를 돌보는 귀신고래 그림이 뚜렷하게 남아 있다.

그런데 어쩐 일인지 우리 바다에서 귀신고래가 마지막으로 잡힌 것은 1966년이고, 마지막으로 발견한 것은 1977년 울산 방어진 앞바다였다. 그 뒤로 귀신고래를 봤다는 소식은 들리지 않는다.

귀신고래가 회유하는 길은 세 갈래이다. 첫 번째 길은 연해주 해안을 지나 한반도 동해안을 따라 내려오는 코스이다. 두 번째는 일본 동해안이고, 세 번째는 일본 서해안이다. 고래전문가들은 귀신고래가 더 이상 우리 바다에서 발견되지 않자 이동경로가 바뀐 게 아닌지 걱정하고 있다.

귀신고래는 일제강점기에 일본 포경선들이 1,306마리나 잡아들이면서 그 수가 급격하게 줄어들기 시작했다. 마구잡이식 고래잡이를 방지하기 위해 국제포경위원회 IWC, International Whaling Commission는 1982년에 '포경금지조약'을 발효하여 상업 포경을 금지시켰다. 이제 귀신고래는 러시아 사할린의 필튼 만 앞바다에 겨우 100여 마리만 남아 있다. 고래 전문가들은 덩치 큰 고래가 100여 마리밖에 안 된다면, 이대로 잘 보호해도 근친교배 때문에 머지않아 멸종하고 말 거라고 경고했다. 그런데도 이들은 제대로 보호를 받지도 못하고 있다.

귀신고래 서식지에서 불과 10km쯤 떨어진 바다 한가운데에는 거대한 시추선이 떠 있다. 그곳에서는 다국적 석유기업이 추진하는 '사할린 프로

젝트' 사업이 한창 진행 중이다. 이들은 유전을 찾기 위해 시추선을 띄워 놓고 바다 밑바닥을 깎고 구멍을 뚫느라 엄청난 소음과 오염물질을 배출하고 있다. 2004년 4월부터 이곳에서 석유가 생산되기 시작하여 대형 유조선과 헬리콥터들이 분주하게 오가고 있다.

느긋하게 여름을 보내고 있던 귀신고래는 안전한 보금자리를 잃어버렸다. 러시아 환경단체인 '사할린 인바이런먼트 워치 Sakhalin Environment Watch'는 대규모 유전사업 때문에 귀신고래의 서식지가 위협받고 있고, 소음과 스트레스 때문에 귀신고래가 말라죽고, 대구와 청어 같은 다른 생물들도 멸종위기를 맞고 있다고 전했다.

고래고기를 거래하는 것도 큰 문제이다. 상업포경이 금지된 고래는 연구와 조사 목적으로만 잡을 수 있다. 고래잡이를 찬성하는 국가들은 포경금지조약을 피하기 위해 온갖 교묘한 방법을 다 동원하고 있다.

우리나라에서는 해마다 100여 마리의 고래가 어망에 걸려든다. 일부러 잡은 게 아니라 우연히 그물에 걸린 고래는 판매할 수 있다. 그래서 어부들은 고래가 우연히 그물에 든 것처럼 위장해서 불법으로 잡아들인다. 고래 한 마리의 값은 1억 원이나 된다. 그래서 어부들은 그물에 걸린 고래를 풀어주기보다는 잡고 싶은 욕망에 사로잡힌다.

고래는 생식주기가 긴 포유동물이다. 2~3년에 한 번 새끼를 낳고 한 번에 1마리만 낳는다. 그리고 어미를 떠나 독립하기까지 키우는 데 적어도 2년이 걸린다. 고래 1마리가 늘어나려면 이처럼 오랜 시간이 필요하다.

끊임없이 바다로 몰려드는 엄청난 쓰레기와 해안을 따라 촘촘하게 늘어선 그물, 쓰레기를 그대로 바다에 내버리는 식당과 휴양시설, 강한 불빛과 요란한 소음으로 가득 찬 해변, 이렇게 변해버린 환경을 바라보며 고래 중 유일하게 '한국'이라는 이름이 붙여진 귀신고래는 평화롭던 옛 시절을 그리워하고 있을지도 모른다. 맑고 한적한 동해의 물길을 따라 헤엄치며 회유할 날을 고대하고 있을 것이다.

그러나 추억에 젖어 쉽게 돌아올 수만은 없다. 귀신고래가 다니던 물길이 너무 많이 변했고 위험해졌기 때문이다. 노을 지는 붉은 하늘과 눈이 시리도록 짙푸른 바다를 배경으로 자유롭고 부드럽게 헤엄치는 이 거대한 여행자는 지금 어디쯤에서 아름답고 특별한 항해를 하고 있을까?

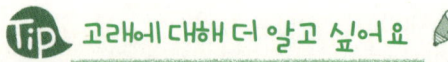
고래에 대해 더 알고 싶어요

- **오션 컨서번시** www.oceanconservancy.org

  바다를 깨끗하게 지키고, 야생 생명체들을 보호하는 활동을 하는 미국 환경단체. 1986년 미국 텍사스 해변에서 시작하여 해마다 여러 나라의 시민단체 및 자원봉사자들과 함께 바다를 정화하고 있다.

- **사할린 인바이런먼트 워치** www.sakhalin.environment.ru/en

  사할린의 자연환경을 보전하기 위해 행동하는 러시아 환경단체. 귀신고래 서식지 보호 활동을 벌이고 있다.

- **장생포 고래박물관** www.whalemuseum.go.kr

  우리나라 바다에서 만날 수 있는 고래에 관한 다양한 정보를 제공한다. 포경의 역사에 대해서도 배울 수 있다.

- **울산 MBC 귀신고래통신** www.whalelove.com

  지구 상에서 사라졌다고 알려졌던 귀신고래를 사할린 앞바다에서 촬영하는데 성공. 관련 영상을 다시 볼 수 있다.

- **동아시아 바다공동체 오션** www.osean.net

  바다쓰레기 문제를 해결하기 위해 노력하는 시민과학학습공동체이다. 우리나라를 비롯해 전 세계의 바다쓰레기 문제와 쓰레기가 자연생태계에 미치는 영향, 그리고 정화 방법에 대해 연구하고 있다.

생각키우기

❶ 100년 전만 해도 동해에는 고래가 흔했다고 한다. 동해에서 고래가 사라진 이유를 정리해 보자.

❷ 고래가 사라지면 안되는 까닭은 무엇일까? 지구에서 고래가 완전히 사라진다면 어떤 일이 일어날까?

❸ '태평양 거대 쓰레기 지대'의 사진을 인터넷에서 찾아 보자. 이 문제를 해결하기 위해 어부와 지자체, 환경부, 세계 여러 나라, 그리고 나는 무엇을 할 수 있는지 생각해 보자.

❹ 고래는 '태평양 거대 쓰레기 지대'를 보고 무슨 생각을 할까? 고래의 입장에서 거대 쓰레기 지대에 대한 생각을 서술해 보자.

살아있는 것들의 눈빛은 아름답다

사람보다 호강하는 애완동물

문을 열자 귀여운 강아지가 쪼르르 달려와 가랑이에 매달린다. 졸랑거리며 달리다가 미끄러지고 구르다가 사람의 품에 쏙 안기는 강아지의 재롱 때문에 기분이 좋아지고 집안 분위기도 달라졌다. 이 녀석에게 쏟는 주인의 정성은 아이를 키우는 부모의 마음과 다르지 않다.

개 전용 우유에다 머드 팩, 애완견용 담요, 천연 생약물질로 만든 영양제, 금목걸이와 이탈리아제 가죽목줄, 돌침대, 살균건조기, 개 유전자 카드까지……. 뿐만 아니라 사람 진료비와 맞먹는 돈을 들여 건강검진을 받고 동물 보험에 가입하는 애완견도 있다. 치료비와 수술비에 장례비까지, 애완동물 관련 시장은 빠른 속도로 커지고 있다.

이쯤 되면 마당 한 구석에 묶인 채 남은 밥을 처리하던 잡종 개 신분이 아니다. 낯선 이가 찾아오면 암팡지게 짖어대는 걸로 밥값을 대신하던 존재를 넘어 자식만큼이나 귀하게 대접받는 존재로 격상했다. 이렇게 애완동물은 인생의 반려자처럼 함께 지내면서 마음의 위안을 얻는다고 해서 반려동물이라는 새로운 이름도 얻었다. 인간과 동등한 생명체인 동물을 존중하는 건 당연하지만, 사람들의 소비 습관과 사치를 동물에게도 전염시키는 건 아닐까 하는 생각도 든다. 그들도 이런 소비를 즐기고 있는 걸까?

"퇴근해서 돌아오면 개가 좋아서 어쩔 줄 몰라 해요. 제가 문을 열고 들어서면 이빨을 드러내고 콧등을 찡그리면서 웃는 표정을 지어요. 하루 종일 혼자 갇혀 있었으니까 반가운 거죠. 가끔 산책을 시키면 미친 듯이 날뛰어요. 그 모습이 너무 안쓰러워서 마당이 있는 시골로 보낼까 생각 중이에요." (개를 집에 혼자 두고 출근하는 박선미 씨)

"일어나자마자 눈곱 떼어주고 이 닦아주고 옷 입히고 밥도 줘야 하고, 아침마다 저도 바쁜데 개들 때문에 정말 정신이 없어요. 그뿐인가요? 틈날 때마다 목욕시키고 발톱 깎아줘야죠, 엉덩이 기름 짜줘야죠, 귀 청소도 해줘야 하고, 산책도 시켜줘야 해요. 개를 집안에서 키우려면 주인이 정말 부지런해야 해요." (아파트에서 개 두 마리를 키우고 있는 김지혜 씨)

동물을 정말 사랑해서 애지중지 키우는 사람들의 고민도 적지 않다. 처음엔 남은 밥을 먹이려고 했지만 사람들과 함께 살면서 면역력과 소화기능이 약해진 개가 번번이 토하는 바람에 포기하고 말았다. 오염물질이 많다보니 털이 뻣뻣하고 피부병도 잦아서 털을 홀랑 깎고 강아지 옷을 사입혔다. 사람도 머리를 너무 짧게 자르거나 맘에 들지 않으면 며칠 동안 모자를 쓰고 다니는 것처럼, 개도 털을 깎으면 한동안 수치심을 느끼고 불안해한다.

방에서만 지내다보니 동물은 다리 근육이 약해지고 시름시름 앓기도 한다. 동물병원에서는 동물이 건강해지려면 약을 먹여라, 예쁘게 보이려면 귀를 잘라줘라, 발정기가 오기 전에 수술을 하라는 권유를 한다. 날이 갈수록 애완동물용품은 하늘 높은 줄 모르게 값이 오른다. 키운 지 여러 해가 지났건만 아직 동물 친구를 만난 적은 한 번도 없다. 스스로의 선택이 아니라 사람이 만들어준 조건 속에서만 사는 이런 동물들은 과연 행복할까?

한반도에서 곰이 멸종된 까닭

동물시장은 마약시장과 무기시장에 이어 세 번째로 규모가 큰 암시장이다. 아시아에서 가장 큰 동물시장인 인도네시아 자카르타의 프라무카에서는 열대의 밀림을 자유롭게 뛰어다니던 동물들이 밀거래되고 있다. 국제보호종인 큰 유황앵무새와 극락조, 오랑우탄, 말레이곰, 늘보원숭이 등 좁은 쇠창살에 갇혀 있는 동물의 종류도 다양하고 가격도 천차만별이다. 상인들은 어른 주먹만한 크기의 안경원숭이는 호주머니에 넣어 가면 세관을 무사통과할 수 있다는 말로 사람들을 유혹한다.

애완용으로 팔려갈 원숭이는 마취주사를 맞은 채 좁은 상자에 누워 있고, 방금 잡혀온 새끼원숭이는 사람을 물지도 모른다는 이유 때문에 생이

빨이 뽑혀버렸다. 희귀새인 극락조는 박제를 하기 위해 잡아서 말리고, 보신용으로 쓸 개미핥기는 살아 있는 채로 불에 그을려 목과 다리를 토막내고, 곰은 배를 가르고 쓸개에 호스를 박아 신선한 생즙을 뽑는다. 다쳐서 제값을 받을 수 없는 동물은 한쪽 구석의 쓰레기통에 버려진다.

우리나라에서 거래되는 희귀동물의 대부분은 동남아시아 동물시장을 거쳐서 온다. 한국인이 좋아하는 동물 이름을 현지 상인들이 한국어로 외우고 있을 정도로 수요가 많다.

'사이테스CITES, The Convention on International Trade in Endangered Species of Wild Fauna and Flora'는 '멸종위기에 처한 야생동식물의 국제거래에 관한 협약'으로, 동식물의 무분별한 남획과 거래를 막고 보호하기 위해 1973년 미국 워싱턴 DC에서 체결한 국제조약이다. 우리나라는 1993년 사이테스에 가입했다. 웅담을 좋아하는 한국인들이 한반도에서 곰을 멸종시킨 것도 모자라 전 세계의 곰을 멸종시키려 한다는 비난이 세계 환경단체로부터 빗발쳤기 때문이다.

이런 동물시장에서 불법으로 거래되는 동물을 잡아들인 밀렵꾼들은 대부분 농사를 짓던 원주민들이다. 농사일보다 쉽고 고소득을 보장해주기 때문에 불법인줄 알면서도 계속 밀렵을 하고 있다. 인도네시아뿐만 아니라 중국의 깊은 산 속과 멕시코 산 기슭, 브라질 아마존 밀림, 아프리카 초원 등 세계 곳곳에서 야생동물을 닥치는 대로 잡아 파는 게 원주민들의 생계수단이 되고 있다.

이렇게 밀렵된 동물은 애완동물 마니아들에게 밀거래된다. 이들은 남들이 가지고 있지 않은 동물을 소유하고 싶어 하기 때문에 희귀종과 멸종위기종일수록 인기가 많고 값도 비싸다.

우리가 해마다 수입하는 애완동물의 종류는 100여 종이 넘는다. 앙증맞은 강아지와 고양이 같은 포유류와 도마뱀, 이구아나, 거북 같은 양서파충류, 희귀한 곤충까지 해마다 수십만 마리를 수입하고 있다. 이 중에는 열대지방이나 밀림이 고향인 특이종과 보호종들도 포함되어 있는데, 사이테스에서 엄격하게 보호하고 거래를 금지한 종들도 포함되어 있다.

동물답게 살 권리

한편, 유기동물보호소는 버려지는 동물 때문에 골머리를 앓는다. 농림부에서 발표한 통계를 보면 전국에서 버려진 동물의 숫자는 2004년에는 4만 5,000마리, 2006년에는 6만 9,000마리, 2008년에는 7만 8,000마리, 2009년에는 8만 3,000마리였다. 유기동물 중 대부분은 개였고, 해마다 평균 10% 이상씩 늘고 있다. 작고 앙증맞을 때 샀다가 자라면서 털이 빠지고 볼품이 없어지자 미련 없이 내다버리기 때문이다. 동물도 인간과 마찬가지로 생명을 가진 존재인데, 너무 쉽게 생각하는 풍조가 문제이다.

휴가를 떠나면서 동물을 버리는 사람이 많고, 여행지에다 버리고 오는 경우도 있다. 이렇게 버려진 동물들은 거리를 헤매고 다니다가 행인을 위협하고, 갑자기 도로로 뛰어들어 교통사고를 일으키기도 한다. 골목길에서 밤새 짖어대는 통에 주민들이 불편을 느끼기도 한다.

버려진 개는 해당 지자체가 잡아들여 동물구조관리협회와 동물병원, 유기동물보호소에서 보호하며 주인을 기다리거나 새로 분양한다. 끝내 주인을 찾지 못한 개들은 돌볼 장소가 마땅치 않은데다 대부분 거리를 헤매다 병을 얻었기 때문에 안락사를 시킨다. 2008년 서울에서는 6,220마리의 떠돌이 개가 안락사되었고, 전국에서는 무려 2만 4,000여 마리가 쓸쓸히 죽어갔다.

사람이 처음 기르기 시작한 동물은 늑대이다. 기원전 14000~기원전 12000년, 극동지역 선사시대 부락에 개의 조상인 사육늑대가 등장했다. 그로부터 얼마 뒤에는 양과 염소를 기르기 시작했다. 약 9,000년 전에는 아시아에서 소와 돼지를 기르기 시작했다. 그리고 말과 낙타, 당나귀, 물소, 가금류가 나타났고, 3,000~4,000년 전 고대 이집트에서는 애완고양이도 등장했다. 이 무렵에 이미 오늘날 애완동물로 키우고 있는 대부분의 동물들이 사람들의 안방으로 들어와 있었다.

인간과 동물의 동거는 이렇게 오랜 역사를 가지고 있다. 그러나 동물을 대하는 우리의 모습은 어떠한가? 남들에게 없는 희귀한 동물을 가졌다고 자랑하기 전에 어느 밀림에서 함부로 잡아들인 건 아닌지, 우리 땅에서도 잘 적응하고 살 수 있는 종인지를 먼저 생각해 봐야 하지 않을까?

세상에 어렵게 태어난 동물이 늘 갇혀 지내다가 친구와 사랑 한번 나눠 보지 못하고, 새끼도 낳지 못한 채 쓸쓸하게 생을 마감한다면 얼마나 딱한 일인가? 동물들도 서로 사랑하며 동물답게 살 권리가 있다. 사람들의 욕심 때문에 밀림을 자유롭게 누벼야 할 고귀한 생명체가 한낱 상품으로 전락해버린 건 아닐까? 야생을 잃어버린 동물은 인간성을 잃어버린 사람과 무엇이 다른가?

  자연 생태계는 동물과 식물, 물고기와 곤충, 미생물들이 먹이사슬을 이루며 한데 어우러져 살아가고 있다. 미생물이 없다면 떨어진 낙엽이 흙으로 되돌아 갈 수 없고, 곤충이 사라진다면 꽃이 열매를 맺을 수 없다. 숲에 야생동물이 없다면 그들의 먹이인 풀과 나무가 무성하게 자라나 다른 종들을 점령해버릴 것이다. 동물의 배설물을 먹고 분해하며 살아가는 곤충과 미생물 역시 사라지게 될 것이다. 먹고 먹히고, 사라졌다가 다시 나타나는 숲 속 생태계의 균형과 질서가 깨져 버리면, 인간의 생활도 큰 변화를 겪게 될 것이다.

  야생에서 한 종이 사라진다는 건 멸종도감의 한 페이지가 늘어나는 일로 끝나지 않는다. 그 생명체가 자연 생태계에서 중요하게 담당함으로써 균형을 유지했던 우주의 법칙 하나가 영원히 채워지지 못한 채 텅 비어버리게 되는 것이다.

  좁은 우리에 갇혀 있는 동물보다는 야생의 기운과 형형한 눈빛을 가진 동물이 훨씬 더 생기가 있다. 모든 생명은 제자리에 있을 때 더욱 눈부시고 아름답다. 이제 동물들에게 그들의 권리를 되찾아주자.

 동물에대해 더 알고 싶어요

- **환경부 '한국의 야생동식물'** http://nre.me.go.kr

  우리나라의 고유 생물종 자료 및 야생동식물 보호법에 의거하여 지정된 법정관리 동식물 목록, 한국고유생물종 도감과 같은 다양한 관련 정보를 모았다.

- **야생동물소모임** www.yasomo.net

  멸종위기에 빠진 야생동물을 현장에서 직접 조사하고 연구하는 모임. 야생동물을 좋아하는 사람들과 전문가들이 모여 야생동물 관련 자료와 정보를 나누고 있다.

- **동물자유연대** www.animals.or.kr

  주인에게 버림받았거나 동물실험, 모피제작으로 희생되는 동물들의 권리를 지키기 위해 활동하는 단체이다.

- **한국동물보호연합** www.kaap.or.kr

  개 식용과 모피, 동물실험, 살처분 같이 동물을 이용한 놀이문화와 소비문제, 생명을 가볍게 여기는 문제를 지적하면서 동물의 권리찾기를 위해 노력하고 있다.

- **한국동물구조관리협회** www.karma.or.kr

  부상당한 야생동물을 구조하고 밀렵방지를 위한 홍보활동을 한다. 점점 늘어나는 유기동물을 구조하고 보호관리, 입양사업도 하고 있다.

생각키우기

① 애완동물을 키우려면 스스로 준비가 되어 있어야 한다. 어떤 준비를 해야 할지 생각해 보자.

② 최근 들어 애완동물이 아니라 반려동물로 부르자는 움직임이 일고 있다. 애완동물과 반려동물이 어떻게 다른지 생각해 보자.

③ 고양이에게 밥을 주는 주민과, 밥을 주는 바람에 길고양이가 더 늘어났다는 주민이 다투고 있다. 여러분은 어느 의견에 동의하는가? 자신의 입장을 밝히고 그 생각을 지지하는 글을 간단하게 써 보자.

이웃에 대한 생각

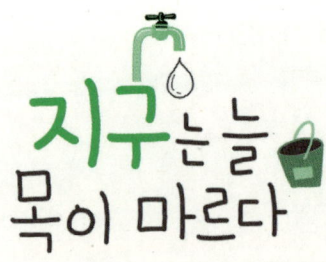

지구는 늘 목이 마르다

한겨울의 물소동

너무 방심했다. 늘 한순간의 방심이 호미로 막을 걸 가래로 막도록 일을 키운다. 강추위가 몰아칠 거라는 기상예보를 듣긴 했다. 예로부터 겨울은 삼한사온이라고 했으니 3일만 조심하면 되겠지. 보일러와 수도가 얼지 않도록 살피고 문단속을 단단히 했다.

수도가 얼고 보일러 기름은 바닥나고 가스레인지의 가스마저 떨어졌던 작년 겨울의 참담했던 어느 날을 생각하면 아직도 몸이 부르르 떨린다. 작년에는 호되게 당했지만 두 번은 안 당한다. 창문에 문풍지를 바르고 두꺼운 커튼을 치고 보일러는 낡은 털옷으로 덮고 수돗물은 약하게 틀어놓았다. 그리고 그 아래 물통까지 받쳐 두었다. 이만하면 완벽하겠지. 그로부터 3일쯤 지났을까? 바깥날씨는 일기예보대로 볕이 따스한데 주방 수도를 트는 순간, 수도꼭지에서 꼬르륵 소리만 났다. 윽! 오늘 단수한다는 말이 있었나? 아차! 날씨가 풀렸다고 마음을 놓았던 게 화근이었다. 수도가 꽁꽁 얼어버린 것이다. 30분마다 수도꼭지를 틀어보고 더운물을 몇 번이나 쏟아 부어도 영 소식이 없다. 내 방심을 비웃기라도 하듯 수도는 며칠이나 침묵을 지켰다. 할 수 없다. 날이 더 따뜻해지기를 기다릴 수밖에.

물을 길어다 쓰려니 여간 번거로운 게 아니다. 다른 수도에서 큰 물통에 물을 받아 나르려니 자세도 엉거주춤하고 허리가 다 휘는 것 같다. 물장수 신세가 된 것도 처량하지만 물을 아껴 쓰느라 적은 양으로 밥을 하고 설거지 하려니 속이 다 답답하다. 내가 그동안 먹고 씻고 닦는 일에 이렇게 물을 많이 썼단 말인가?

그렇게 며칠을 지내다가 도저히 안 되겠어서 작전을 바꾸기로 했다. 청결은 무슨 청결, 대충 씻고 대충 살기로 했다. 날씨도 추운데 며칠 씻지 말고 참지 뭐. 빨래는 무슨 빨래, 그냥 모아 두자. 물 나올 때까지 외출도 하지 말자. 이참에 밖으로 돌아다니느라 미뤄두었던 집안일이나 하자.

뜻하지 않은 유배생활이 시작되었다. 수도가 며칠 안 나온다고 이렇게 불편하고 생활이 뒤죽박죽될 줄 누가 알았으랴. 그동안 손잡이만 돌리면 더운 물과 찬물이 콸콸 쏟아져서 아까운 줄 모르고 쓰느라 물의 소중함과 고마움을 깜빡 잊고 살았던 것이다.

지구의 물은 티스푼 반

지구는 3분의 2가 물로 덮여 있지만 인간이 쓸 수 있는 양은 그리 많지 않다. 지구가 머금고 있는 물의 양은 약 13억 8,000만 km^3이다. 이것을 100%로 잡았을 때 바닷물이 97.41%이고 민물은 2.59%이다. 민물 중에서

1.984%는 빙하나 빙산으로 얼어 있는 상태이고, 0.592%는 땅 속에 있는 지하수이다. 이것들을 제외하면 사람이 쓸 수 있는 물은 0.014%인데, 이 중 호수에 담긴 물은 0.007%, 토양이 머금고 있는 물이 0.005%, 증발되어 대기 중에 떠 있는 물이 0.001%, 하천수가 0.0001%, 생물군이 0.0001%를 머금고 있다.

지구 전체의 물을 100L라고 했을 때 우리가 쓸 수 있는 물은 작은 티스푼 반 정도에 지나지 않는 것이다. 이 물을 지구에 살고 있는 65억 명이 나눠 쓰고, 산업용, 농업용, 가정용 등 여러 쓰임새 별로 다시 나누면 한 사람이 쓸 수 있는 양은 더욱 적어진다. 사람이 쓸 수 있는 물의 양이 이렇게 부족하다는 사실보다 더 큰 문제는 강물과 냇물, 약수터 등 땅 위의 물이 너무 탁해졌다는 것이다.

우리가 살고 있는 도시는 물을 지나치게 많이 소비하는 삶의 방식을 택하고 있다. 상수도와 수세식 양변기, 개인 목욕시설이 집안으로 들어와서 생활은 편리해졌지만, 우물에서 물을 길어다 쓰던 시절과는 비교할 수 없을 정도로 한 사람이 사용하는 물의 양은 급격하게 늘어났다.

물 소비량이 늘면 맑은 물을 얻기 위해 댐을 지어야 하고 수도시설도 그만큼 늘여야 한다. 댐이 들어서면 주변 자연생태계가 변하게 된다. 물고기는 더 이상 물을 거슬러 오를 수 없고, 계곡에서 살던 야생동물은 보금자리를 떠나야 한다. 안개가 짙어져서 농작물은 열매를 잘 맺지 못하게 된다. 쓰고 버리는 물의 양이 늘면 정화시설이 늘어나고, 폐수처리비용 역시 늘어나는 악순환이 계속된다.

지구촌은 물꼬 싸움 중

중국은 늘어나는 도시의 물 소비량을 충족하기 위해 황허에서 물을 끌어 쓰는 방법을 택했다. 그런데 1972년, 장구한 중국 역사상 처음으로 황허가 말라버렸다. 1997년에는 700km나 되는 구간이 바닥을 드러냈고, 강물이 바다에 도달하지 못한 날이 226일이나 되었다. 일 년에 몇 번씩 강이 말라버리고, 점점 그 횟수가 잦아졌다.

강을 하수도 대용으로 사용하고 있는 유럽은 물 오염이 큰 고민거리다. 한 보고서는 해수욕을 할 수 있는 영국의 바닷가 472곳 가운데 오염되지 않은 곳은 45곳뿐이라고 밝혔다.

2004년 인도 뭄바이에서 열린 세계사회포럼에 '당신의 오줌이 세계 11억 명이 날마다 마시는 물보다 깨끗하다'는 내용의 포스터가 등장했다. 실제로 물이 부족한 개발도상국의 국민 한 사람이 하루 종일 씻고 마시고 청소하고 요리하는 데 드는 물의 양은, 선진국 사람들이 변기를 사용하고 한번 내리는 물의 양과 비슷한 13L이다.

유엔 인간정주위원회 UN-Habitat가 펴낸 「세계 도시의 물과 위생 Water and Sanitation in the World's Cities」은 아프리카의 도시 거주민 1억 5천만 명이 맑은 물을 공급받지 못하고 있으며, 1억 8천만 명은 수도와 욕실, 화장실 같은 위생시설을 이용하지 못하고 있다고 했다.

케냐의 수도 나이로비에 있는 하루마 슬럼에는 10가구마다 1개꼴로 화장실을 갖추고 있으며, 332가구 1,500명이 사는 지역에서 욕실이 딸린 화장실은 단 2개뿐이라고 한다. 아시아에서는 7억 명이 맑은 물을 얻지 못하고 있으며, 8억 명은 지저분한 위생시설 때문에 고통받고 있다. 남미와 카리브해 지역 역시 도시 거주민의 30~40%가 물이 부족해서 고생을 하고 있다. 아프리카에서는 그날 쓸 물을 길어오기 위해 여성들이 날마다 평균 10km 이상을 4시간 넘게 걸어서 왕복해야 한다.

전쟁터에서는 총을 맞아 죽는 사람보다 오염된 물을 마시고 죽는 사람이 더 많다. 지구촌 사람 5명 중 1명은 깨끗한 물을 마시지 못하고, 5명 중 2명은 위생설비의 혜택을 받지 못하고, 9·11 테러 희생자 3,000여 명보다 5배나 많은 사람들이 해마다 수인성 질병으로 사망한다.

사람들이 모여 사는 마을을 의미하는 한자인 '동(洞)'자를 풀어보면 '물(水)이 같다(同)', 혹은 '같은 물을 마신다'는 뜻을 품고 있다. 동양에서는 물이 마을을 이루는 근원이라고 생각했다. 그런데 인류 문명이 발생한 유명한 강의 물을 마시며 사는 사람들은 지금 물꼬싸움이 한창이다. 나일 강과 요르단 강, 티그리스 강, 유프라테스 강, 메콩 강 등이 그렇다. 남의 나라 이야기를 할 게 아니다. 우리나라의 낙동강 역시 물꼬싸움의 중심에 있다. 대구에서 공단계획이 발표되면 부산과 경남 지역 사람들의 귀가 쫑긋해진다.

해마다 여름철이면 어김없이 반갑지 않은 손님인 장마와 태풍이 느닷없이 찾아와 피해를 끼친다. 하늘에 구멍이라도 뚫린 듯 비가 쏟아지고 세상을 다 휩쓸어버릴 듯 바람이 몰아친다. 그래도 한반도는 여전히 물이 부족하다. 물을 잘 다스리지 못하는 물의 행성, 지구는 늘 목이 마르다.

TIP 물, 이렇게 아끼자

- 양치할 동안 수도꼭지를 잠그면 최고 9.5L의 물을 절약할 수 있다.
- 머리 감을 때는 물을 받아서 하고, 목욕할 때는 샤워기를 사용한다.
- 면도나 샤워할 때, 비누칠하는 동안은 수도꼭지를 잠근다.
- 샤워기에 절수형 샤워헤드와 수도꼭지를 단다.
- 샤워 시간을 1분 줄이면 이산화탄소 7g을 줄일 수 있다.
- 대중목욕탕에서 수도꼭지를 꼭 잠그고 물을 그냥 흘려버리지 않는다.
- 설거지는 그릇을 모아 한꺼번에, 물을 받아서 한다.
- 쌀뜨물을 받아두었다가 기름기 있는 그릇을 닦는다.
- 양변기에 절수형 레버를 단다.
- 세탁은 빨랫감을 모아서 하고, 비누는 표준량을 넣는다.
- 세탁기의 마지막 헹군 물로 바닥청소를 한다.
- 수도꼭지와 수도계량기를 정기 점검해서 누수를 방지한다.
- 물에 빨리 녹고 피부에도 좋은 천연비누를 사용한다.
- 세차는 호스를 사용하지 말고 물통에 물을 담아 걸레로 닦는다.
- 복도나 마당을 청소할 때는 한번 쓴 허드렛물을 뿌린다.
- 화단이나 정원에는 빗물을 모아서 뿌린다.

생각키우기

❶ 수돗물이 나오지 않아 어려움을 겪었던 경험을 적어 보자.

❷ 하루 동안 내가 사용하는 물의 양은 얼마나 될까? 한국인의 1일 평균 물 사용량과 비교할 때 얼마나 차이가 나는가? 그 이유는 무엇이라고 생각하는가?

❸ 갑자기 수돗물을 사용할 수 없게 되었다고 가정해 보자. 갖고 있는 물은 1.5L 병에 채워진 게 전부이다. 그 물만으로 하루를 보내야 한다면 어떻게 될까? 포기해야 하는 일을 중심으로 자세히 적어 보자.

❹ 먹는 물이 부족하거나, 강물과 지하수가 오염되어 어려움을 겪고 있는 사례를 찾아 발표해 보자.

티셔츠에 숨겨진 눈물과 한숨

티셔츠의 탄생 과정

빨래를 개다가 내친 김에 옷장을 열고 한바탕 정리를 했다. 가방 두어 개면 다 들어갈 정도로 단출했던 옷장이 옷으로 가득하다. 옷은 날씨에 따라 아무거나 단정하게만 걸치면 되므로 옷 살 돈 있으면 책 한 권 더 사는 게 낫다고 생각하던 시절이 있었다. 그때는 옷을 사면 소매와 바짓단이 닳을 대로 닳고 색이 다 바랠 때까지 입었다. 그런데 언제부터인지 옷가게를 구경하는 일이 좋아지고, 돈이 생기면 싼값이라도 옷을 한 벌 사는 버릇이 생겼다. 생일이나 기념할 일이 생기면 선물로 옷을 주는 사람도 늘어났다. 입지 않는 옷을 모아 챙겨주는 사람까지 생기면서 금세 옷장이 비좁아졌다.

계절별로 차곡차곡 정리하다보니 티셔츠만 30벌이 넘었다. 길을 가다가 갑자기 필이 꽂혀 산 것도 있고, 벼르고 벼르다가 큰맘 먹고 산 것도 있다. 글씨가 커다랗게 적힌 행사용 티셔츠가 제법 되고, 여행길에 기념으로 산 것도 있다. 가짓수가 많다보니 몇 번 입지도 않고 옷장에 처박혀 긴 세월을 보낸 것도 여러 벌이다. 버리기는 아깝고 언젠가 입을 거라는 생각으로 가지고 있는 것들이다. 살을 빼면 입어야지 하고 잘 보이는 곳에 걸어둔 채 경각심을 불러일으키게 하는 옷도 있다.

그러고 보면 쉽게 사서 편하게 입다가 별 생각 없이 버리는 옷이 티셔츠다. 값도 저렴한데다 아무 데서나 눈에 띄고 선물로 부담 없이 나눌 수도 있다. 웬만한 행사에 참여하면 기념품으로 챙길 수 있는 것도 티셔츠다. 이미 많은데 자꾸 챙기게 된다. 이렇게 단순하고 편한 티셔츠는 일년에도 몇 벌씩 내게로 왔다가 떠나곤 한다. 내가 의식하지 못하는 사이에!

티셔츠는 1913년 미 해군에서 군인들에게 내의용으로 지급하면서 그 역사가 시작되었다. 1938년 미국 소매업체는 이를 일반용 제품으로 만들었는데, 1950년대에 제임스 딘과 엘비스 프레슬리 같은 스타들 덕분에 대중화에 성공했다. 북아메리카는 해마다 티셔츠의 원료인 면화를 1,900만 톤 이상 생산한다. 이 면직물은 세계에서 가장 잘 팔리는 섬유이다.

그런데 문제는 농약이다. 면화농사를 짓는 농민들은 해마다 약 26억 달러 어치의 살충제를 뿌려댄다. 월드워치 연구소 Worldwatch Institute 가 펴낸 「2004 지구환경보고서 State of the World」는 이것이 전 세계 살충제 사용량의 10%가 넘는 양이라고 기록하고 있다. 이 살충제는 수많은 농민들을 중독시키고 거대한 농경지를 오염시킨다. 그리고 새와 물고기, 야생동물들도 희생시킨다. 뿐만 아니라 농경지 근처를 흐르는 강을 오염시켜 그 강물을 식수원으로 삼고 있는 사람들에게도 피해를 주고 있다.

티셔츠에 숨겨진 눈물과 한숨

면화를 수확하면 씨앗과 섬유를 분리하고, 방적공장에서는 섬유를 정련하여 실을 감는다. 그리고 기계 베틀로 천을 짜서 티셔츠를 만든 뒤, 천연염색과 화학염색을 한다. 이때 천연염료도 문제지만, 구리와 아연 같은 중금속을 함유하고 있는 화학염료는 공장 배수구로 배출되어 물을 오염시킨다. 작업 도중에 생긴 얼룩과 주름을 없애는 데도 석유화학 제품을 사용한다.

이렇게 생산과정에서부터 심각한 오염을 일으키는 티셔츠는 싼 가격을 장점으로 세계 정복에 나섰다. 우리나라에도 대량생산된 값싼 면이 수입되면서 1970년대 유행가에 등장할 정도로 흔했던 목화밭이 모두 사라져 버렸다. 지금 우리가 즐겨 입는 면티셔츠는 모두 수입한 면으로 만든 것이다.

티셔츠는 어떻게 만들어질까?

세계 최대의 면화 생산국은 중국이고, 인도와 미국이 그 뒤를 잇고 있다. 티셔츠 생산 역시 중국이 으뜸으로 전 세계 티셔츠의 65% 이상을 생산한다. 티셔츠 하청업체에 고용된 노동자 중 90~95%는 돈을 벌기 위해 당국의 허가 없이 가난한 내륙지방에서 해안지방으로 이주한 사람들이다. 그들은 하루에 16~17시간씩 일하면서 한 달에 고작 미화 50~60달러 정도의 임금을 받는다. 그것마저도 2~3개월씩 체불된다. 일하는 동안에는 늘 통제와 감시를 받는다. 쏟아지는 체벌과 욕설도 감당해내야 한다.

일할 능력이 없는 노부모를 먹여 살리기 위해 시골처녀들도 해안의 도시로 몰려온다. 그리고 밤낮없이 재봉틀을 돌리다가 과로사로 쓰러지고 만다. 뇌물과 특혜로 얽혀 있는 하청업체 사장과 지역 관료들의 농간으로 인해 여공의 죽음은 제대로 주목도 받지 못한 채 조용히 잊혀진다. 그 여공이 마지막 숨을 거두면서 만든 유명 브랜드의 티셔츠를 입고 우리는 거리를 누비고 있다.

올림픽이 열릴 때마다 세계 유명 스포츠업체들은 분주해진다. 올림픽을 마케팅에 적극 활용하여 많은 이윤을 남겨야 하기 때문이다. 태국의 유명 스포츠업체 하청 의류공장에서 일하는 노동자들은 하루에 16시간, 1주일에 6일씩 일을 해야 한다. 야간근무와 초과근무도 강제로 이루어진다.

캄보디아의 하청공장에서 일하는 노동자들은 대부분 근로계약서를 작성하지 않은 채 일을 하고 있다. 노동조합을 결성할 권리가 주어지지 않아서 부당한 일을 당해도 항의하지 못한다. 계약서가 있어도 제대로 지켜지지 않는다. 공장주는 출산 휴가와 건강보험, 해직수당을 주지 않기 위해 임시직 노동자만 고용하려 한다. 여성노동자가 대부분인 인도네시아의 하청공장에서는 학대와 폭력이 심각한 수준이다. 성희롱과 성폭력도 자주 일어나고 있다. 올림픽을 위해 옷을 만드는 공장에서 올림픽 정신은 전혀 찾아볼 수가 없는 것이다.

이렇게 열악한 조건에서 일을 하는데도 노동자들은 아무런 저항을 하지 못한다. 그들은 다국적 기업이 공장을 다른 곳으로 이전해서 일자리를 잃게 되는 게 더 두렵기 때문이다. 일자리를 찾아 계속 도시로 몰려오는 사람들이 늘면서 일꾼은 늘 넘쳐난다. 때문에 공장주는 직원들의 처우 개

선에는 전혀 신경을 쓰지 않는다. 우리가 가볍게 샀다가 금세 싫증을 내는 얇은 옷 한 벌에는 이처럼 이웃 나라 노동자들의 눈물과 한숨이 배어 있다.

무엇을 입어야 할까?

옷의 원료 역시 꼼꼼하게 따져봐야 한다. 면이나 마와 같은 식물성 섬유와, 모나 견 같은 동물성 섬유는 자연에서 나온 천연섬유이다. 그러나 우리가 주로 입는 옷들은 공장에서 가공과정을 거쳐 탄생한 인조섬유로 만든 게 대부분이다. 이 인조섬유의 80%가 합성섬유이다.

합성섬유는 석탄이나 석유의 부산물로 얻어지는 합성수지로 만든다. 처

음 개발했을 때는 오래 입을 수 있고 잘 닳지 않아서 놀라운 발견이라고 했다. 그런데 이 합성섬유를 생산하고 가공하는 과정에 사용하는 화학물질이 우리 몸에는 좋지 않은 영향을 준다.

합성섬유는 플라스틱을 녹인 물질을 가는 구멍을 통해 섬유 형태로 뽑은 뒤 화학약품으로 굳혀서 만든다. 그런데 살갗과 직접 접촉하는 섬유에서 유해물질이 나와 피부로 스며든다. 석유나 석탄의 부산물로 만드는 나일론, 폴리에스테르, 아크릴, 테트론, 비닐론, 폴리에스터, 폴리우레탄 등 모든 합성섬유는 우리 몸에 그다지 이롭지 않다.

옷 가게에 진열된 옷들도 눈여겨보자. 색과 무늬를 입히기 위해 염색을 하고 방축성·방수성·방염성 등 옷감의 결점을 보완하고 상품가치를 높이기 위해 가공과정에서 다시 화학물질을 사용한다. 그리고 원단의 촉감을 부드럽게 하는 유연가공, 불순물을 제거하는 정련과 표백에 이르는 여러 공정에서 유해 화학물질을 첨가한다. 옷 가게에 가면 눈과 코가 매운 것은 바로 이런 화학물질 때문이다.

합성섬유로 만든 옷은 땅에 묻히면 분해되는 데 오랜 시간이 걸리고, 태우면 유독가스를 내뿜는다. 우리가 일회용품을 대하듯 옷을 가볍게 입고 버리면서 옷 쓰레기가 산을 이루고 있다.

　반성하는 뜻에서 나는 한동안 옷을 사지 않고 견뎌 보기로 했다. 한 달, 두 달, 6개월…… 얼마 동안은 옷에 대한 집착 없이 잘 넘겼지만, 차오르는 소비욕구를 참지 못해 어금니를 깨물기도 했다. 그러면서 여러 계절을 무사히 넘겼다. 그동안 과연 무슨 일이 벌어질까? 은근히 기대가 되고 걱정도 되었다. 결론은 예상 밖이었다. 아무 일도 일어나지 않았다. 옷이 없어서 쩔쩔 맨 적도 없고, 옷장에는 여전히 계절이 다 지나도록 바깥 구경 한번 못한 옷들이 시무룩한 표정을 짓고 있다. 물론 달라진 것은 있다. 바로 내 마음이다. 부족하다고 불평부터 늘어놓지 말고, 지금 내가 가진 이 옷을 좀 더 애정을 가지고 입어야겠다는 생각이 든 것이다.

　얼룩이 묻을까 옷감이 닳을까 애지중지했던 옷이 환경오염을 일으키는 주범이라면 그것을 바라보는 내 마음은 편할 리가 없다. 나는 한 해에 옷을 몇 벌이나 살까? 그 옷은 어떤 원료로 만들어졌을까? 한 철 입었다가 가볍게 버리는 옷이 아니라 때와 장소에 맞는 깔끔한 옷, 내게 어울리고 맘에 쏙 드는 옷을 오래오래 잘 입자.

Tip 옷장을 잘 정리하는 법

- 1년 동안 한 번도 입지 않은 옷을 골라낸다.
- 크기가 맞지 않거나 싫증난 옷은 재활용가게에 기증한다.
- 천연섬유로 된 옷은 베개나 쿠션, 방석, 테이블보로 재활용할 수 있는지 살핀다.
- 고운 무늬가 있거나 색이 무난한 옷은 쉽게 만들 수 있는 장바구니나 가방으로 활용한다. 천을 덧대거나 디자인을 변형시켜 새로운 기분으로 입는다.
- 아이들이 자라서 맞지 않는 옷은 더 어린 아이가 있는 집에 물려준다.
- 계절별로 쉽게 찾을 수 있게 정리한다.
- 내 몸에 맞지 않는 옷은 동생이나 이웃에 나눠준다.
- 농사할 때 요긴한 긴팔 셔츠는 시골 친척집으로 보낸다.
- 낡은 옷을 헌옷 기증함에 넣으면 보온덮개나 산업용 재료로 거듭난다.
- 교복은 학교에 기증하거나 후배에게 물려준다.
- 새 옷을 살 때 유명 브랜드보다는 오랫동안 편하게 입을 수 있는 옷을 고른다.
- 합성섬유보다 천연섬유로 만든 옷이 건강에 좋다.
- 값싼 패스트 패션은 금방 싫증나서 옷 쓰레기를 많이 만들어내므로 사지 않는다.
- 입을 옷이 없다, 옷은 많아야 한다는 생각부터 정리하고 옷장을 연다.

❶ 나는 얼마나 자주 옷을 구입할까? 최근 6개월 동안 구입한 옷의 목록을 만들어 보자.

 반소매 티셔츠 ____개

 긴소매 티셔츠 ____개

 민소매 티셔츠 ____개

 바지 ____개

 치마 ____개

 기타 ____개, ____개, ____개

❷ 나는 주로 언제 옷을 구입하는가? 구입할 땐 누구와 함께 가는가?

❸ 내가 갖고 있는 옷 중에서 가장 오래된 옷은 어떤 것인가? 그 옷은 얼마나 오래 입었는가?

❹ 구입한 옷은 모두 입고 다니는가? 마음에 들지 않아서 입지 않는 옷은 어떻게 하는지 적어 보자.

비닐봉지에 포위된 지구를 사수하라

비닐봉지 한 장의 인심

"꼭 이 통에 만두를 담아 주셔야 해욧!"

이 집은 우리 동네에서 가장 맛있는 손만두를 만드는 집이다. 나는 따끈한 만둣국을 먹을 부푼 마음으로 가게에 들어섰다. 그런데 그만 가게 주인과 실랑이가 벌어지고 말았다. 나는 빈 통을 들고 가서 여기에 만두를 담아 달라고 정중하게 부탁했다.

"거기 담으면 만두가 터질 수 있고 터지면 맛도 없어요."

가게에서 쓰는 일회용 그릇과 비닐봉지에 담아야 만두 모양이 유지된다며 주인은 한 치의 고민도 없이 밀어냈다. 이대로 물러설 내가 아니지. 가게에서 집까지는 10분 거리. 만두가 터질 염려는 없고, 그보다 나는 일회용 그릇과 비닐봉지를 사용하고 싶지 않았다. 만두가 터져도 맛있게 먹을 테니 이 통에 담아 달라고 조르기 시작했다.

정 그러면 나중에 일회용 그릇을 되돌려 달라며 주인 역시 물러서지 않왔다. 큰맘 먹고 빈 통을 챙겨간 나는 은근히 자존심이 상했다. 이젠 만두를 살 것인가, 말 것인가를 고민하는 지경에 이르고 말았다.

그런데 잠시 생각해 보니 실랑이보다 중요한 건 왜 이런 실천이 필요한지 이해하게 만드는 일이었다. 뜻은 좋았지만 내 방식이 잘못되었던 것이다. 만두가게 주인 역시 자부심을 가지고 성실하게 일하는 분이니 그 점을 존중해야 한다. 한 치의 양보 없이 계속되던 실랑이를 끝내고 결국 내가 가지고 간 빈 통에 만두를 담아오는 승리를 하고서야 나는 그것을 어렴풋이 깨달았다.

가게와 시장에서 종종 이런 일이 벌어진다. 주인은 비닐봉지에 담아주려 하고 나는 장바구니에 담겠다며 실랑이를 벌인다. 손님이 고른 물건을 비닐봉지에 담아주는 것은 서비스이자 배려이자 인심이다. 이 당연한 진리를 거스르는 일은 생각처럼 쉽지 않다.

시장 좌판 앞에 서서 무엇을 살까 들여다보고 있노라면 아주머니는 잽싸게 비닐봉지부터 뽑아든다. 내가 입만 열면 무엇이든 곧바로 주워 담을 태세다. 다른 물건에 정신이 팔려 있는 순간, 손이 재빠른 주인은 벌써 비닐봉지에 물건을 담고 있다. 두부나 생선같이 물기가 흐르는 것은 인심 후하게도 두 장을 겹쳐 담아준다. 장바구니가 있으니까 한 겹만 포장해 달라고 해도 막무가내다.

"그깟 비닐봉지 한 장에 몇 푼이나 한다고…… 이렇게 해야 안심이지."

덤은 많이 못 줘도 비닐봉지 인심은 풍년이다. 애써 장바구니를 챙겨온 내 손이 부끄러워진다. 대형 할인점은 아예 채소와 과일을 개별 포장해서 가격표를 붙여준다. 때문에 장바구니를 들고 가도 별 쓸모가 없다. 장을 볼 때마다 비닐봉지가 자꾸 늘어간다. 그걸 볼 때마다 비닐봉지를 매몰차게 거절하지 못한 아쉬움으로 마음이 씁쓸해지곤 한다.

1년에 5,000,000,000,000장!

몇 년 전, 필리핀의 바세코 지역을 방문한 적이 있다. 바세코는 필리핀의 수도인 마닐라 중심부를 흐르는 파식 강 하구에 가난한 사람 6만여 명이 모여 사는 빈민지역이다. 매년 6월~12월의 우기마다 갑자기 불어난 강물을 따라 상류에서 쓸려 내려온 온갖 쓰레기들이 둑을 넘어 이 동네까지 흘러들어온다. 바세코에 있는 대부분의 판잣집은 이 탁한 물과 쓰레기를 피해 수상가옥처럼 기둥 위에 세워져 있다. 다닥다닥 붙은 판잣집 사이로 놓여 있는 좁은 나무판자가 골목길을 대신하고 있다.

2003년 3월, 바세코에 큰 불이 났다. 저녁 7시 무렵 어디선가 솟아오른 불은 삽시간에 다닥다닥 붙어 있는 판잣집으로 옮겨 붙으면서 무섭게 타올랐다. 5시간 만에 1,050세대가 잿더미로 변했다. 금방이라도 허물어질 것 같은 콘크리트 벽만 군데군데 을씨년스럽게 서 있는 바세코는 시커먼 재로 뒤덮여 버렸다.

보금자리를 잃은 이재민 수만 명은 하루 아침에 거리로 나앉는 신세가 되었다. 원래부터 가진 게 거의 없는 살림이었지만, 그나마 옷 한 벌도 건지지 못하고 몸만 빠져 나온 사람들이 대부분이었다. 냄비가 부족해서 라면을 끓여 먹으려고 해도 줄을 서서 기다려야 했다. 이재민들은 근처 농구장에 간이 천막을 치고 임시 숙소를 만들거나, 동사무소와 가까운 곳에 정박해 있는 배에서 웅크리고 잠을 청해야 했다.

바세코 옆에는 아시아에서 아름답기로 손꼽히는 마닐라 항구가 있다. 만국기를 휘날리는 커다란 화물선들과 세계 각지로 보낼 컨테이너를 바삐 나르고 있는 모습은 필리핀의 경제력을 상징하고 있었다. 활기가 넘치는 항구의 풍경과 검은 재로 뒤덮인 바세코의 현실은 뚜렷하게 비교되었다. 필리핀 정부는 이 볼썽사나운 빈민촌을 항구에서 멀리 떨어진 곳으로 옮기기 위해 고민 중이라고 했다.

얼기설기 판자를 엮어 만든 집이 불에 타서 없어진 자리에는 넓은 공터가 생겼다. 별다른 수도시설이나 화장실이 없으니 먹고 씻고 배설하는 모든 일을 그 자리에서 해결하고 있었다. 때문에 위생문제와 물 오염이 심각한 지경이었다.

공터에서는 홀쭉한 사내아이 몇 명이 찌는 더위 속에서 웃통을 벗은 채 공놀이를 하는 중이었다. 내 눈에 들어온 건 아이들이 뛰어노는 바닥이었다. 바다에서 불어오는 비린내와 불에 탄 재 냄새, 쓰레기 썩는 냄새가 진동하고 있는 그곳의 바닥은 일회용 비닐봉지의 천국이었다. 맨땅을 단 한 뼘도 찾아보기 어려울 정도로 비닐봉지들이 켜켜이 쌓여 있었다. 강을 따라 온갖 쓰레기와 함께 떠내려 온 비닐봉지들은 공을 차는 아이들의 발길질을 따라 하늘 위로 풀풀 날리고 있었다.

비닐봉지는 1957년 미국에서 태어났다. 비닐봉지는 원유와 천연가스 및 그 밖의 석유화학제품을 원료로 해서 만든다. 처음에는 가게에서 빵이나 과일, 채소 등의 식료품을 담는 용도로 썼다. 그러다 1960년대 후반에 비닐 쓰레기봉투가 처음으로 등장했다. 1970년대 중반에 비닐봉지를 값싸게 만드는 방법이 개발되면서 가게마다 종이봉지 대신 비닐봉지에 물건을 넣어주는 풍경이 흔해졌다.

한번 쓰고 버리기에 편한 이 얇고 가벼운 비닐봉지는 해마다 상상을 초월할 정도로 많은 양이 만들어진다. 2002년에는 전 세계에서 약 5조 장의 비닐봉지가 생산되었는데, 이중 80%를 북아메리카와 서유럽에서 사용했다. 미국은 한 해 약 1,000억 장의 비닐봉지를 쓰고 버린다.

우리나라에서는 한 해 약 150억 장의 비닐봉지가 잠깐 쓰이고 버려진다. 일회용 비닐봉지 1장 가격을 50원으로 잡으면 한 해에 약 7,500억 원이 낭비되는 셈이다.

홍수와 질병의 원인

버려진 비닐봉지는 소각장이나 매립지에 모인다. 비닐봉지를 태우면 '다이옥신'이라는 맹독성 환경호르몬이 나온다. 땅에 묻으면 500년 동안 썩지 않아서 우리 후손들은 비닐봉지 광산을 발견하게 될지도 모른다. 더 큰 문제는 바람에 날려 산과 들로 떠다니는 게 많다는 것이다.

케냐의 농민들과 환경운동가들은 담장과 나무, 새의 목에 걸린 비닐봉지 때문에 곤혹을 치르고 있다. 중국 베이징에서는 도랑과 하수구, 고대사원에 널려 있는 비닐봉지를 수거하느라 많은 돈을 들였고, 비닐봉지를 매듭으로 묶어서 바람에 날아가지 않게 하는 캠페인을 벌이기도 했다. 인도

는 해마다 5월 1일을 '비닐 없는 날'로 정했고, 방글라데시는 홍수와 수인성 질병이 늘어나는 원인 중 하나가 관개시설과 하수구를 막고 있는 비닐봉지 때문이라는 걸 발견하고 사용을 금지했다. 남아프리카공화국은 제조업체에 비닐봉지의 내구성을 높이도록 하고 가격을 비싸게 매겨서 사람들이 쉽게 버릴 수 없게 했다. 아일랜드는 비닐봉지에 세금을 부과하고 있고, 이탈리아 정부는 2011년부터 분해가 되지 않는 비닐봉지의 생산과 배포를 금지했다.

비닐봉지의 원료인 석유는 아주 오래 전 지질시대에 살았던 동물과 식물이 땅에 묻혀 분해되고, 수억 년 이상 높은 열과 압력을 받아 본래의 성질이 바뀌면서 만들어졌다. 인류의 역사보다 긴 세월 동안 깊은 땅 속에 잠자고 있던 석유는 배에 실려 중동에서 한반도까지 먼 길을 온다. 그리고 여러 공정을 거쳐 추출물을 뽑아내고 또 다시 복잡한 과정을 거친 뒤에야 비로소 얇은 비닐봉지가 탄생한다. 그런데 우리가 비닐봉지를 쓰는 시간은 과연 얼마나 될까?

시장에서 물건을 담아 집으로 오는 시간은 겨우 한 시간이나 될까? 이렇게 잠깐 사용한 비닐봉지는 곧바로 쓰레기통으로 직행한다. 재활용하는 양은 그리 많지 않다. 자신의 짧은 생을 원망하고 복수라도 하듯 쓰레기가 된 비닐봉지는 사람보다 더 오래 살면서 온갖 오염을 일으키고 있다. 우리의 잘못된 습관 때문에 비닐봉지에 포위된 지구는 서서히 병들어 가는 중이다. 비닐봉지, 이런데도 계속 써야 할까?

Tip 지구를 구하는 장바구니

등산을 즐기는 분들은 배낭을 꾸릴 때 옷과 간식, 우비 같은 등산장비를 천주머니에 담는다. 방수기능이 있고 끈도 달려 있어서 편리한 천주머니는 쓰임새가 매우 다양하다. 장을 보러 갈 때도 천주머니를 활용하면 좋다. 천주머니는 튼튼해서 좋고 더러워지면 빨아서 다시 쓸 수 있고 필요에 따라서는 쓰임새를 바꿀 수도 있다. 일회용이 아니므로 물자를 절약하고 환경도 보호할 수 있으니 금상첨화이다. 소풍이나 여행, 출장을 갈 때도 천주머니를 이용해서 짐을 종류별로 정리하면 가방에서 꺼내 쓰기가 편하다.

상점에서 살 수도 있지만 나만의 개성 있는 천주머니를 직접 만들어 보자. 헌옷이나 얇은 이불 천을 적당한 크기로 잘라 사각주머니를 만들고, 주둥이 양쪽을 끈으로 이으면 훌륭한 장바구니가 된다. 망사천으로 만들면 속에 든 물건을 쉽게 구별할 수 있다.

외출했다가 돌아오는 길에 장을 보게 되는 일이 있다. 그런 경우 장바구니를 미처 챙기지 못했으면 어쩔 수 없이 비닐봉지 신세를 지게 된다. 천주머니를 외출할 때 눈에 잘 띄는 현관 옆에 걸어 두거나 가방 속에 항상 넣어 두면 편하다. 장볼 때뿐만이 아니라 뜻하지 않은 짐이 생겼을 때, 가방에 들어가지 않는 부피 큰 짐을 담을 때, 천주머니는 아주 요긴하게 쓰인다.

- 자투리 천이나 헌 옷으로 세상에서 하나뿐인 장바구니를 만들어 본다.
- 외출할 때마다 장바구니를 챙길 수 있도록 잘 보이는 곳에 둔다.
- 집에 있던 비닐봉지는 여러 번 사용하거나 모아서 가게에 돌려준다.
- 물기가 있는 재료나 반찬을 살 때는 반찬통을 챙겨간다.

생각키우기

❶ 비닐봉지가 발명되기 전, 사람들은 무엇으로 물건을 포장했을까? 옛날 사람들이 사용하던 포장 도구를 조사해 보자.

----

❷ 시장이나 대형할인점에서 장을 보고 돌아오면 포장에 사용된 비닐봉지가 얼마나 되는지 세어 보자. 우리 집에서는 이런 비닐봉지를 어떻게 사용하는지 살펴 보자.

----

❸ 인도는 1년 중 하루를 '비닐 없는 날'로 정했고 방글라데시는 비닐봉지 사용을 금지했다. 우리나라에선 비닐봉지 사용을 줄이기 위해 어떤 노력을 기울이고 있는지 조사해 보자.

----

❹ 일회용품 사용을 줄이기 위한 공청회가 열렸다. 참가자들은 스스로 절제하고 실천하도록 만드는 정책을 지지하는 입장과, 세금이나 벌금으로 강제하는 정책을 지지하는 입장으로 나뉘었다. 여러분은 어느 쪽을 지지하는가? 그리고 그 이유는 무엇인가?

종이 한장의 진실게임

소중한 당신, 종이

학창시절의 추억 한 토막. 학기가 바뀌어 새 교과서를 받아오는 날에는 집에서 종이 잔치가 벌어진다. 교과서를 포장하기 위해 벽장 속에 넣어두었던 묵은 달력을 모두 꺼내 방바닥에 펼쳐놓는다. 내 것만이 아니라 형제들의 교과서까지 모두 포장해야 하기 때문에 달력만으로는 늘 부족했다. 과자 포장지와 내복 포장지는 물론이고 쓰다 남은 벽지까지, 집안에 있던 종이란 종이는 총출동한다.

50~60명의 반 아이들이 똑같은 교과서를 가지고 다니기 때문에 내 책을 구별할 표시가 필요했다. 가방 속에서 도시락 반찬 국물에 젖거나 얼룩이 묻는 걸 방지하기 위해서도 교과서 포장은 필수였다. 언니나 형의 교과서를 물려받은 아이들은 새 것처럼 보이려고 포장을 했다.

참고서나 문제집 같은 부교재가 흔치 않았던 그 시절에는 교과서가 제일 귀한 책이었다. 그래서 교과서를 받으면 그렇게 좋을 수가 없었다. 특히 국어책에 실린 소설이 재미있어서 학기가 시작되기도 전에 몇 번이나 되풀이해서 읽었다.

종이를 펴고 교과서 크기에 맞게 자르고 윤곽선을 만들어 반듯하게 접는다. 하얗게 빛나는 달력의 뒷면이 밖으로 드러나도록 교과서에 씌우고 나면, 아버지는 미리 갈아둔 먹을 붓에 듬뿍 적셔 과목과 학년, 반, 이름을 써주셨다. 선생님께서 수업시간에 내 교과서 포장의 붓글씨를 보고 "누가 쓴 붓글씨냐? 글체가 아주 좋다."고 칭찬하시면, "저희 아버지께서 쓰셨습니다."라고 대답하며 어깨를 우쭐거리기도 했다.

우리 집 밭둑에는 닥나무가 몇 그루 서 있었다. 늦가을 무렵, 벼베기가 끝나고 일손이 한가해지면 어른들은 닥나무를 베었다. 잎은 떨어지고 가지만 남은 닥나무를 소죽 끓이던 가마솥에 둥글게 말아 넣은 다음, 솥뚜껑 사이로 뜨거운 김이 눈물처럼 뚝뚝 떨어질 때까지 삶았다. 다 삶은 닥나무를 마당에 펴놓고 온 식구가 달라붙어 껍질을 벗겼다. 뜨겁게 삶아진 껍질이 부드럽게 갈라지면 보드랍고 미끈한 닥나무 속이 알몸을 드러냈다. 닥나무를 땅바닥에 놓은 뒤 발로 밟고 껍질을 쭉 잡아당기면 미끄러지듯 벗겨져서 아이들도 쉽게 할 수 있었다.

닥나무 속은 아궁이 땔감으로 쓰고, 껍질은 한 움큼씩 묶어서 다시 말렸다. 잘 마른 닥나무 껍질은 오일장이 서는 읍내에 가서 한지로 바꿔왔다. 한지는 문풍지로도 쓰고, 제사 때도 썼다.

아버지가 한시를 짓는 종이 역시 결이 살아 있는 한지였다. 손수 닥나무를 베고 삶아서 벗긴 껍질로 바꿔온 한지였으니 귀하게 여기지 않을 수 없

었다. 벽지나 달력 종이는 장롱 위에 아무렇게나 던져두었지만, 한지는 장롱 아래 아주 귀하게 모셔 두었다가 필요할 때만 한 장씩 꺼내 쓰곤 했다.

푸른 나무와 맑은 물, 온 천지에 피고 지는 꽃과 풀이 흔했던 그 시절의 시골에서는 종이가 무척 귀했다. 오랜만에 편지라도 한 통 오면 편지지와 봉투는 메모지로 다시 쓰기 위해 큰 집게에 매달아 놓았다. 아이들은 몇 장 남지 않은 공책을 따로 모아 집게로 집어서 연습장으로 썼다. 다 쓴 종이는 딱지를 접거나 변소 댓돌 위에 가지런히 올려놓았다. 변소에 쪼그리고 앉아 한 장씩 찢어서 한 번 더 복습한 뒤 뒤지로 쓰거나 아궁이 불쏘시개로 썼다. 그냥 버려지는 종이는 단 한 장도 없었다.

종이의 탄생과정

인간이 처음으로 기록을 남긴 재료는 무엇일까? 메소포타미아 지역에서는 무른 찰흙판에 끝이 뾰족한 송곳 같은 것으로 기호나 문자를 기록한 후, 이것을 잘 말려 점토판 문서를 남겼다. 종이와 비슷한 재료 중 가장 오래된 것은 기원전 2500년 무렵 이집트 나일 강가에 자라던 파피루스 Papyrus이다. 파피루스는 페이퍼 Paper의 어원이 되었지만 식물성 섬유를 뽑아내는 단계까지는 발전하지 않아서 종이가 되지 못한 채 역사 속으로 사라졌다. 종이를 발명한 이는 서기 105년 중국 후한시대 궁중에 물자를 공급하는 책임자였던 채륜이다.

우리가 즐겨 쓰는 하늘하늘하고 뽀얀 종이는 식물성 섬유나 그 외 다른 섬유를 서로 합쳐 눌러 만든 것으로, 셀룰로오스 섬유의 집합체이다. 종이를 만드는 나무는 유칼립투스나무, 포플러나무, 너도밤나무, 자작나무, 미루나무, 소나무, 전나무, 참나무, 낙엽송에 이르기까지 다양하다.

세계 모든 나라에서 종이 소비가 점점 늘자, 도시 가까운 곳에 있던 숲이 사라졌다. 그러자 종이를 생산하는 다국적 기업들은 원시림에 관심을 갖게 되었다. 그들은 먼저 아름드리 원시림을 베어 목재를 판매하고, 그 자리에 불을 질러 공터를 만든다. 그리고 짧은 시간 안에 쑥쑥 자라는 나무를 심어 나무농장을 넓혀 나간다.

열대 원시림 1ha에는 나무가 500종이나 자라고, 사람들이 아직 발견하지 못한 생물 수백 종이 살고 있다. 숲은 원주민의 보금자리이자 지구온난화를 늦추는 거대한 산소 탱크이기도 하다.

다국적 제지공장은 러시아와 스칸디나비아 반도, 캐나다에 있는 원시림을 무참히 베어내고 있다. 캐나다와 미국의 침엽수림, 브라질과 칠레 등 남미의 유칼립투스숲, 인도네시아 열대우림 등 지구의 허파인 아름드리 나무들이 종이가 되기 위해 사라지고 있는 것이다.

종이를 만들기 위해서는 나무에서 식물성 섬유만을 뽑아 펄프를 만들어야 한다. 펄프는 통나무나 칩을 기계로 잘게 잘라서 만드는 기계펄프와 화학펄프가 있다. 화학펄프를 만들 때에는 황화나트륨, 수산화나트륨, 탄산칼슘 같은 약제를 쓰고 착색을 막기 위해 염소, 이산화염소, 과산화수소, 오존 같은 화학물질을 사용해서 표백한다. 이 과정에서 제대로 정화시키지 않은 화학물질이 흘러나와 토양과 강을 오염시킨다.

종이 한 장의 뜻과 쓰임새

긴 세월 동안 비바람을 견디며 꿋꿋하게 자란 나무, 그 나무에서 얻어진 소중한 종이를 우리는 너무 쉽게 소비한다. 빌딩과 아파트가 점점 숲을 밀어내는 도시에서는 나무를 심을 땅과 씨앗이 움틀 건강한 흙 한 줌을 찾아보기가 어렵다. 숲을 가꿀 수 없다면 종이를 아껴 써야 한다. 더불어 종이를 재활용하고 재생종이를 즐겨 써야 한다.

우리 앞에 놓인 얇은 종이 한 장에는 자연이 담겨 있다. 작은 씨앗은 햇볕과 바람과 물의 도움으로 싹을 틔웠다. 땅의 기운과 영양분은 새싹이 단단하게 자랄 수 있는 힘을 주었다. 바람이 흔들어주고 햇볕이 머리를 쓰다듬어 하늘을 향해 자라날 용기를 불어넣었다. 나비와 벌이 날아들어 꽃을 피우고 열매를 맺더니 마침내 아름드리 나무가 되었다. 그 나무에 벌목공의 땀방울이 스며들고, 제지공장 노동자의 손길을 거쳐 뽀얀 종이가 탄생했다. 그 종이가 지금 우리 앞에 놓여 있다.

고대 아즈텍 사람들은 종이 안에 심오한 세계가 깃들어 있다고 믿었다. 그들은 신들을 달래는 의식을 행할 때 종이를 사용했고, 통치자의 말과 행동을 전하고 기록하기도 했다. 중국인은 종이를 악을 쫓는 부적의 상징으로 생각했고, 종이를 태운 재를 허공에 날려 사람의 영혼이 천상의 세계에 도달할 수 있다고 믿었다. 우리나라 사람들 역시 종이에 귀한 기록을 남겼고, 문살에 바르는 창호지와 방바닥에 붙이는 장판지, 귀한 물건을 보관하는 포장지까지 다양하게 사용했다. 시신을 종이에 묶어 염을 하고, 제사를 지낼 때는 종이를 태워 죽은 자의 영원한 안식을 빌었다.

가벼운 바람에도 날아가 버릴 얇은 종이 한 장에는 세상을 바꿀 중요한 기록을 담을 수도 있다. 종이는 문득 스쳐 지나갈 한순간을 기록으로 남기고, 엄청난 사건의 증거가 되기도 한다. 이러한 종이 한 장 한 장이 쌓여서 문명이 생겨나고 역사가 이어졌다. 이 얇지만 위대한 종이를 당신은 어떻게 사용하고 있는가?

Tip 종이, 이렇게 아껴쓰자

- 출력이나 복사 버튼을 누르기 전에 꼭 필요한 서류인지, 필요한 만큼만 하고 있는지 3초만 생각해 본다. 문서는 될 수 있으면 모니터로 보고, 여럿이 공유할 문서는 한 부만 출력해서 돌려 읽는다.
- 복사기 옆에 이면지함을 두고 종이를 재활용한다. '이면지 재활용'이라고 새긴 도장을 불필요한 면에 찍으면 어느 면을 읽어야 할지 쉽게 알 수 있다.
- 우편물이 담겨 있던 서류봉투는 잘 보관한 후 재활용한다.
- 공책은 끝까지 말끔하게 쓰고, 남는 부분은 모아서 연습장으로 활용한다.
- 재생종이로 만든 책과 공책, 학용품을 즐겨 쓴다. 재생종이를 쓰면 벌목을 줄이고 종이를 생산할 때 드는 에너지와 물 오염도 줄일 수 있다.
- 읽지 않는 신문과 잡지는 구독을 중지한다. 다 읽은 잡지는 공공시설이나 지역 도서관에 기증해서 여러 사람이 읽을 수 있게 한다.
- 폐지는 재활용하기 쉽도록 잘 분리해서 내놓는다.
- 친환경상품을 인증하는 마크가 있는 제품을 고른다.
  - 환경마크 : 생산과 소비과정에서 오염을 적게 일으키고 자원을 절약한 제품
  - GR(Good Recycled)마크 : 신기술이나 본래 기술을 개선한 우수 재활용 제품
  - 녹색출판마크 : 본문 내지의 80% 이상이 'GR마크'나 '환경마크'를 받은 재생종이로 만든 책

재생종이로 만든 책

생각키우기

❶ 오늘 하루 동안 내가 사용한 종이의 종류와 양을 적어 보자.

❷ 종이가 없다면 무슨 일이 일어날까? 종이 없는 세상에서 벌어질 일을 적어 보자.

❸ 첨단 전자제품을 사용하면 종이 사용량을 줄일 수 있지만 전력 소비는 증가한다. 종이 소비 줄이기와 에너지 소비 줄이기 중 하나를 골라야 한다면 무엇을 선택하겠는가? 그리고 그 이유는 무엇인가?

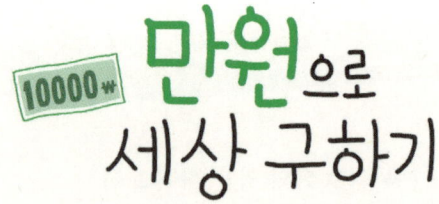

만원으로 세상 구하기

호랑이와 표범은 어떻게 다른가

옛날 옛적, 한반도의 숲을 뒤흔들었던 두 맹수가 있었으니, 바로 호랑이와 표범이다.

"표범이 있었다구요?"

이야기를 듣던 사람들의 눈이 동그래졌다. 호랑이야 옛날 이야기에 자주 등장해서 익숙하지만 표범은 아프리카 초원지대에 사는 것 아냐?

우리 조상은 호랑이와 표범을 구별하지 않고 통틀어 '범'이라 불렀다. 얼핏 보면 생김새가 비슷하고, 야생 생태계의 최고 자리를 호랑이가 차지하자 표범의 존재는 잘 드러나지 않아서였다.

표범은 덩치가 호랑이의 5분의 1에 지나지 않고, 동물의 계통 분류에서도 분명 다른 동물이다. 호랑이보다 사는 권역이 좁고, 사는 지역도 서로 다르다. 표범은 호랑이의 존재를 눈치채는 순간 재빨리 도망쳐 버릴 정도로 강하게 경계한다.

그러나 사람들은 이 둘을 혼동해서 부르기도 했다. 어느 지방에서는 개를 잡아먹는 호랑이가 숲에 산다고 하여 '개호자'라 불렀다. 사람들은 호랑이가 마을로 내려와 개를 잡아먹는다고 생각한 것이다. 그러나 호랑이는 주로 소와 돼지를 잡아먹고 표범이 개를 즐겨 먹는다. 개호자는 바로 표범이었던 것이다.

한반도에 살았던 표범의 이름은 한국표범인데, 아무르표범이라고도 부른다. 다른 지방에서는 얼룩호래이, 돈점배기, 포범, 측범이라 부르기도 했다. 표범은 온몸에 동글동글한 엽전 모양의 검은 무늬가 또렷하게 나 있다. 얼굴에는 흰 수염이 여러 가닥 나 있다. 눈동자는 누런색인데, 밤에는 마치 불꽃이 튀듯 번쩍인다. 표범의 발자국은 발톱자국이 없는 매화무늬와 닮은 동그란 모양이다.

표범은 사냥 기술이 뛰어난 동물이다. 낮에는 나무 위나 바위틈에서 자고, 밤에 먹이를 찾아 은밀하게 움직인다. 자주 다니는 길에는 오줌을 눠서 영역 표시를 한다. 번식기 외에는 혼자서 살고. 주로 노루와 사슴, 너구리, 어린 멧돼지, 산양, 사향노루 같은 덩치 큰 동물을 즐겨 먹는다.

표범은 나무타기 선수인데, 먹이를 잡을 때나 위험을 느꼈을 때 나무 위로 잘 올라간다. 먹이를 찾을 때는 슬슬 걷다가 먹잇감을 발견하는 순간, 단숨에 달려가서 잡는다. 힘도 아주 세서 자신보다 덩치가 큰 동물을 입으로 물어서 나무 위까지 끌어올리기도 한다. 호랑이보다 잘 울지 않는 조용한 성격이고, 행동은 매우 신중하고 은밀하다. 잠복도 잘해서 사냥꾼들이 곁을 지나치면서도 알아채지 못할 정도이다. 물을 좋아하는 호랑이는 더운 날 물 속에 몸을 담그지만 표범은 위급한 상황이 아니면 물가에는 가질 않는다.

우리나라 표범의 발자취

1900년대 초반까지 한반도에는 호랑이와 표범이 살고 있었다. 그런데 호랑이는 몸에 좋다는 호랑이 뼈와 값비싼 가죽을 얻으려는 사냥꾼들의 표적이 되었고, 표범은 아름다운 무늬의 모피 때문에 그 수가 점점 줄어들었다.

조선시대에는 호랑이와 표범을 잡기 위한 군사조직이 있었다. 조선 전기에는 착호갑사(捉虎甲士), 착호장, 착호인이라는 제도가 있었고, 후기에는 착호분수제, 착호군이라는 제도를 두었다. 범을 잡을 수 있는 도구와 포획기법도 연구하여 전국에 보급했다. 범을 잡으면 상을 주는 포호포상제도 시행하고, 왕에게 호피를 진상하는 호피공납제도도 있었다. 그러다가 이들의 수가 급격하게 줄어든 것은 일제강점기에 해로운 맹수를 잡아 없애기 위해 시행된 해수구제(害獸驅除) 정책 때문이었다.

일제강점기 동안 호랑이는 141마리, 표범은 무려 1,092마리가 잡혔다. 이 숫자로 보면 당시 한반도에 호랑이보다 표범이 더 많이 살았다는 걸 짐작할 수 있다. 이 시기에는 총 같은 근대식 무기를 쓰면서 호랑이와 표범 뿐만이 아니라 수많은 야생동물들을 잡아들였다. 광복 이후에는 모두 15마리의 표범이 잡혔는데, 1970년 경남 함안군 여항산에서 잡힌 한 마리가 최후의 기록으로 남아 있다.

1959년 덕유산에서 잡은 표범은 80만 원에 팔렸고, 같은 해 산청에서 잡은 표범은 12만 원에 팔렸다. 같은 표범인데 가격 차이가 나는 것은 그 당시 구입하려는 사람의 경제능력과 잡은 사람의 협상력 때문이었다. 당시 쌀 한 가마니가 2,000원이었는데, 80만 원과 12만 원은 쌀 400가마와 60가마를 살 수 있는 큰돈이었다. 그래서 사냥능력만 있다면 누구나 표범을 잡으려고 애를 썼다. 덕분에 표범은 빠르게 멸종의 길을 걷게 되었다.

표범은 아시아와 아프리카에 걸쳐 온대와 아열대 기후 지역에 널리 살고 있다. 그런데, 유독 한반도와 중국 동북부, 러시아 연해주에서 살고 있는 한국표범만이 멸종위기에 처해 있다. 남한에서는 이미 멸종한 것으로 짐작되고, 북한과 중국, 러시아 접경지역을 중심으로 겨우 30마리 정도만 남아 있는 것으로 알려졌다. 이대로 두면 멸종은 시간문제이다.

한국표범을 살리는 계모임

한반도에서 살았던 동물, 매화무늬 발자국을 남기는 한국표범을 살리기 위해 나선 사람들이 있다. 이들의 첫 출발은 '녹색 아시아를 위한 만 원계', 그중 '멸종위기 아무르표범 보호를 위한 만 원계'였다. 이 모임은 아시아 지역에서 겪고 있는 환경문제를 돕기 위해 달마다 곗돈으로 만 원을 모아 후원하고 있다. 쉽게 말해서 계모임인데, 우리가 아는 계모임과는 좀 다르게 운영된다.

돈은 꼬박꼬박 내지만 곗돈을 타는 일이 없다. 그러므로 곗돈 타는 순서도 없다. 그저 달마다 만 원씩 꾸준히 돈을 낼 뿐이다. 어느 정도 돈이 모이면 몽땅 다른 나라로 송금을 한다. 곗돈을 모아서 국외로 반출한다고? 외화밀반출 조직이란 말인가? 그 곗돈은 한국표범을 지키는 러시아의 동물보호 단체로 보낸다.

세계 동물보호 단체들은 러시아를 중심으로 한국표범과 한국호랑이를 보호하기 위해 밀렵 감시와 서식지 보호 활동에 열정을 쏟고 있다. 러시아 정부와 주민에게 친환경 개발 정책의 중요성을 알리는 일도 하고 있다.

그러나 야생동물 보호지역으로 지정된 곳도 안전하지는 않다. 2002년에 표범 5마리가 죽었고, 2003년에는 표범 가죽 2장을 압수하였으며, 2007년에도 표범 1마리가 죽었다. 최근 20년 사이 한국표범의 수는 급격하게 줄어들었다. 중국과 러시아, 몽골에서는 동물의 서식지에 도로를 닦고 대규모 벌목을 계속하는 등 개발이 빠르게 진행되고 있다. 이와 같은 개발사업 때문에 서식지가 급격하게 줄어들자 근친교배를 하면서 멸종위기를 재촉하고 있다.

아무르표범 만 원계에서 후원하는 곳은 러시아에서 활동하는 동물보호 단체인 티그리스 재단 www.tigrisfoundation.nl과 피닉스 재단 www.phoenix.vl.ru, 세계자연보호기금 러시아지부 www.wwf.ru/eng이다. 이 단체들은 서로 연대하여 야생동물을 연구하고, 동물보호에 관한 기금을 마련하고, 홍보하는 일을 맡고 있다. 아울러 밀렵방지팀을 관리하는 일도 하고 있다. 대원 5명으로 구성된 밀렵방지팀은 야생동물 밀렵감시에 대한 전문훈련을 받은 후 케드로바야파트 자연보호구 같은 현장을 중심으로 활동하고 있다.

러시아에서 가장 오래된 보호지역이자 원시림이 빼곡한 케드로바야파트 자연보호구는 전 세계에 30여 마리밖에 남지 않은 멸종위기종인 한국 표범의 서식지 중 하나이다. 2004년부터 만 원계에서 보내는 후원금은 밀렵방지팀이 이곳에서 활동할 때 필요한 총과 무전기, 차량 등의 장비를 구입하고 정비하는 데 사용된다.

2010년 '멸종위기 아무르표범 보호를 위한 만 원계'는 '한국범보존기금 www.amurleopard.kr'이라는 이름으로 새롭게 태어났다. 러시아의 단체를 후원하는 것뿐 아니라, 우리 땅에서 한국표범과 한국호랑이를 보존하는 방법도 찾고 있다. 앞으로 동물보호기금을 마련하여 연구와 보존활동을 하는 전문 연구원을 지원하고, 러시아 보호지역을 방문하는 생태프로그램 개발, 호랑이와 표범의 가죽을 소장하고 있는 이들의 제보와 기증 이벤트 등을 계획하고 있다.

만 원으로 할 수 있는 일은 무엇일까? 친구와 맛있는 밥을 먹을 수 있고, 티셔츠를 살 수 있고, 친구를 감동시킬 선물을 살 수도 있겠지. 그리고 지금까지 관심 갖지 않았던 소중한 일을 위해 의미 있게 쓸 수도 있다. 내가 낸 만 원이 멸종위기에 처한 한국 표범을 구할 수 있다. 그 표범은 통일이 되면 백두대간을 따라 한반도를 용맹하게 내달릴 수도 있다. 만 원 한 장이 국경을 자유로이 넘나들면서 사랑과 평화를 전파하는 홀씨가 되고, 차곡차곡 쌓이면 이 세상을 보다 아름답고 살 만한 곳으로 변화시킬 수도 있는 것이다.

푸른 세상을 위해 기부하세요

아시아의 환경과 인권, 평화문제에 관심을 갖고 활동하는 다양한 단체들이 있다. 회원으로 가입하면 아시아에 대한 정보도 얻을 수 있고 캠페인에도 참여할 수 있다. 환경문제로 고통받고 있는 아시아의 가난한 지역을 알고 있는 사람은 새로운 계모임을 만들어 활동할 수도 있다.

■ 히말라야 어깨동무 simsanschool.com '심산스쿨'(시나리오 교육기관) 커뮤니티

히말라야를 여행하며 독특한 아름다움에 이끌렸던 여행자들이 모여 네팔의 낭기을 히마찰 하이스쿨을 후원하는 모임을 만들었다. 집에서 학교까지 왕복 5시간을 걸어야 하는 히마찰 아이들은 선생님과 학교 근처에 움막 기숙사를 짓고 삭정이로 불을 지펴 밥을 해먹으며 생활하고 있다. 1만 2,000원이면 한 아이의 일 년 치 교과서와 교재를 살 수 있다. 2004년부터 꾸준히 후원하여 학교에서 가장 시급했던 기숙사 수리와 교재 구입, 컴퓨터 구입 등의 일을 하고 있다.

■ 나와우리 www.nawauri.or.kr

베트남 때 한국군이 학살했던 베트남 사람들의 억울한 진실을 알리고 평화운동을 벌이는 활동을 하고 있다. 민간인 학살지역에 위령비 건립과 어린이 병실 짓기, 베트남 청년들과 함께하는 한-베 평화캠프, 민간인 학살 피해를 입은 사람들의 지원까지, 우리나라 사람들이 저지른 불행한 과거를 정직하게 마주하고 화해하려 애쓰고 있다.

■ **국제민주연대** www.khis.or.kr

  1990년대 초부터 미얀마에서는 미국계와 프랑스계 회사가 가스개발에 투자하여 생산한 가스를 운송하는 파이프라인을 건설했다. 이 과정에서 미얀마 군사정권은 지역 주민을 강제이주시켰고, 강제노동과 성폭행 같은 인권문제를 일으켰으며, 환경이 오염되는 일도 벌어졌다. 한국기업도 참여하고 있는 이 가스개발로 인해 빼앗긴 현지 주민들의 권리를 되찾는 운동을 벌이고, 해외에 진출한 한국기업에 대한 감시활동도 벌이고 있다.

■ **아시안브릿지** www.asianbridge.asia

  필리핀을 중심으로 아시아의 빈민 문제와 인권, 여성, 환경 같은 여러 문제를 알리고 교류하는 활동을 하고 있다. 산사태 이재민 돕기, 빈민지역 현지답사, 장기연수와 단기연수 같은 프로그램을 통해서 아시아의 문제를 함께 고민하고, 착한여행을 통해서 아시아 원주민의 문화를 체험하고 후원도 하고 있다.

■ **지구촌나눔운동** www.gcs.or.kr

  영하 30~40도를 오르내리는 추위 때문에 전 재산인 가축을 잃은 몽골 사람들 돕기, 물이 부족한 동티모르에서 빗물을 모으는 집수장치 설치하기, 장애를 가진 베트남 아이들을 위해 크레파스와 물감, 점토 같은 미술교구와 악기 후원 등 지구촌의 가난한 사람들에게 꿈과 희망을 전하는 소중한 일을 하고 있다.

생각키우기

❶ 아무르표범이 멸종위기에 처하게 된 이유를 정리해 보자.

❷ 먹이와 서식지가 줄어들면서 고라니와 멧돼지 같은 야생동물이 논밭이나 마을로 내려와 피해를 입히는 일이 종종 벌어지고 있다. 특히 멧돼지는 사람을 공격하여 위협을 주기도 한다. 이런 야생동물과 공존하는 방법은 무엇일까 생각해 보자.

❸ 야생동물이 편안하게 살 수 있도록 개발을 자제하자는 입장과, 편리함과 경제적 이익을 포기하기 어려우므로 개발하자는 입장 중에서 한 쪽을 지지하는 글을 써 보자.

3부

자연에 대한 생각

평화를 원한다면 내복을 입으세요

그해 겨울은 혹독했네

어깨 낮은 집들이 다닥다닥 붙어 있는 골목길을 숨이 턱까지 차도록 걸어 오르면 언덕배기 숲 한가운데 내가 사는 집이 있다. 오르막이 힘겹기는 하지만 봄여름에는 까치, 참새, 박새가 지저귀는 소리와 함께 기분 좋은 아침을 시작할 수 있는 곳이다. 서울에서 듣는 새소리는 반가움을 넘어 각별한 정을 느끼게 한다.

얻는 게 있으면 잃는 게 있다고 했다. 여름날 새소리는 좋지만 겨울철 추위는 눈물겹다. 창문에다 비닐을 붙이고 문풍지를 달고 커튼까지 쳐도 매서운 바깥 기온을 방안에서 고스란히 느껴야 한다. 손이 시리고 코가 얼얼해서 담요를 머리끝까지 뒤집어쓴 채 꼼짝도 할 수가 없다. 수도와 하수구는 한번 얼었다 하면 봄까지 견뎌야 한다. 다른 대책이 없다. 오직 참고 버텨야 할 뿐이다.

코끝이 알싸한 겨울 아침, 밤새 떨어진 온도를 높이느라 보일러가 '웅'

소리를 내며 부지런히 돌아가면, 나는 이불 속에서 화들짝 뛰쳐나와 보일러 온도부터 낮춘다. 한 푼이라도 아껴야 하는 형편인지라 겨울 아침은 늘 이렇게 시작한다.

시골 고향집은 결국 연탄보일러로 바꾸고 말았단다. 낡은 기와집을 헐고 그 자리에 넓고 반듯한 벽돌집을 짓고 기름보일러를 설치했지만, 겨울철 기름값을 시골 살림살이로는 도저히 감당할 수가 없었던 것이다.

어른들의 억척스러운 삶의 자세는 존경스럽다. 하루에도 몇 번씩 연탄을 가는 게 힘들어서 기름보일러로 바꾸었는데, 한 철도 안 지나 다시 연탄보일러를 선택하는 용기 말이다. 인심 야박하고 팍팍한 도시에서 어떻게 사느냐고 하지만, 시골에서 생활하던 억척스러움이 남아 있다면 도시 생활은 아무것도 아니다. 하루가 무섭게 기온이 떨어지는 겨울에는 그런 억척스러움이 더욱 절실하다.

아침마다 내리던 이슬이 서리로 바뀌고 단풍 물결이 절정에 이르면 옷장 안도 계절이 바뀐다. 얇은 옷들은 깊숙한 곳으로 들어가고 두툼한 겨울옷들이 손에 닿기 쉬운 곳에 자리 잡는다. 봄부터 긴 잠에 빠져 있던 내복들도 다시 빛을 본다.

겨울옷을 챙길 때마다 서울 땅에 짐을 풀고 맞았던 첫 겨울이 생각난다. 그해 겨울은 왜 그렇게 추웠던지. 무릎으로 등으로 어깨로 찬 기운이 마구 스며들던 기억이 아직도 생생하다.

'서울이 정말 북쪽에 있긴 있구나. 좁은 땅인데도 이렇게 기온차가 크다니.'
고향집에선 한겨울에도 맨발로 곧잘 돌아다녀서 '저러다 감기 걸리지'

라는 소리를 어른들에게 꽤나 들었는데, 서울 추위에는 속수무책이었다. 그저 사시나무처럼 떨어댈 수밖에 없었다. 정든 고향을 떠나온 터라 마음이 쓸쓸해서 더 추웠는지도 모르겠다.

그때부터 내복은 겨울을 나는데 없어서는 안 되는 필수품이 되어버렸다. 대한과 소한 무렵에 잠깐 입고 넣어두었던 내복을 다시 꺼내자, 빈 쌀독을 가득 채운 것처럼 마음이 든든하고 훈훈해진다.

추억의 빨간 내복

인간이 내의를 입기 시작한 역사는 무척 오래되었다. 고구려 고분벽화에 내의를 입은 사람의 그림이 등장한다.『삼국사기』에는 '내의(內衣), 내상(內裳)'이라는 표현이 있다. 속저고리인 '내의'와 속치마인 '내상'을 이미 삼국 시대부터 입었던 것이다. 요즘과 같은 내복을 입기 시작한 건 1960년대부터이다. 내복의 대명사인 빨간 내복이 등장한 것도 이 무렵이다. 당시 속옷은 대부분 흰색이었는데, 유독 빨간 내복이 전국을 휩쓸고 유행을 이끌었다. 그런데 왜 하필 빨간색이었을까?

당시 염색 기술의 한계로 가장 물들이기 쉬운 빨간색 제품이 먼저 시장에 등장했기 때문이다. 그 시절에는 '고급품'이던 내복을 은근히 자랑하고 싶어서 눈에 띄는 색을 선호했다. 빨강은 양(陽)의 기운을 가진 색으로, 동양에서는 귀신이 빨강을 싫어한다고 믿는다. 음의 기운으로 활동하는 귀신은 어둡고 축축한 상태를 좋아한다. 장을 담글 때 잘 익은 고추를 띄우고, 금줄에 빨간 고추를 매달고, 동짓날 문설주에 붉은 팥죽을 뿌리는 풍

속도 모두 나쁜 기운을 물리치려는 뜻을 담고 있다.

빨강은 생명력이 넘치는 색이어서 볕이 부족한 겨울에 입는 빨간 내복은 몸을 따뜻하게 보호하고 활기찬 기운을 북돋아준다. 이런 의미 때문에 첫 월급을 타면 부모님께 내복을 사드리는 풍습이 생겼다.

에스키모족과 중동 지역 사람들 역시 내복을 입는다. 찬바람을 쐬면 좋지 않은 산모와 갓난아기도 내복을 입고, 오랜 시간 야외에서 일하는 사람들이나 산악인들에게 내복은 없어서는 안 되는 필수품이다.

요즘은 한겨울에도 내복을 잘 입지 않는다. 지하철이나 극장, 은행 등 공공장소마다 외투가 귀찮게 느껴질만큼 후끈후끈하기 때문이다. 단열이 잘 되어 있고 난방이 잘 되는 아파트에서는 아예 반팔 차림으로 생활한다. 외출해서 차를 기다리고 차에서 내려 목적지까지 걷는 짧은 시간만 추위를 느낄 뿐, 굳이 내복을 챙겨 입을 필요를 느끼지 못한다. 옷맵시에 신경을 쓰는 멋쟁이는 두꺼운 내복이 거추장스러울 뿐이다. 내복을 입으면 몸이 좀 둔해지는 것 같다. 빨랫감도 늘어난다. 그런데 우리가 내복에 대해서 알고 있는 진실은 이게 전부일까?

석유와 내복

겨울 추위를 물리쳐 주는 난방연료의 대표주자는 석유이다. 석유는 암녹색 또는 흑갈색의 끈적끈적한 액체로, 독특한 냄새를 풍기고 물보다 가볍다. 고대인들은 석유를 '죽은 고래의 피', '유황이 농축된 이슬'이라 생각했으며, 고약한 냄새에 놀라 '악마의 배설물'이라 여겼다. 기원전 2000년

경 수메르의 마법사는 석유가 솟아오르고 가스가 발산하는 것을 보고 미래를 점치기도 했다. 『성서』에도 석유에 관한 기록이 있는데, 노아의 방주에 방수용으로 썼다고 한다. 기원전 3000년경 메소포타미아 지방의 수메르인은 석유에서 나온 아스팔트로 조각상을 만들었고, 바빌로니아인은 아스팔트를 건축의 접착제로, 고대 이집트에서는 미라를 싸는 천에 사용했다.

지구촌 사람들이 석유를 널리 쓰기 시작한 것은 어둠을 밝히는 등화용으로 활용하면서였다. 로마와 페르시아, 일본, 인도, 유럽의 여러 나라에서 석유를 조명으로 사용했는데, 석유에서 얻은 등유가 환한 불빛을 만든다는 게 알려지면서 19세기 말에는 등유램프를 널리 썼다. 그러다 석유의 가치를 재발견한 것은 20세기에 접어들면서이다. 난방용과 연료용, 석유 추출물을 활용한 생활용품 생산까지, 다양한 쓰임새가 개발되면서 석유를 '검은 황금'이라 부르기 시작했다.

수많은 전쟁의 원인이 되었고, 전쟁의 승패를 결정지은 것도 바로 석유였다. 제1차 세계대전에서 군인과 전쟁 물자를 실어 나르는 전함과 전투기, 차량을 움직일 때 석유가 필수 연료로 쓰였다. 그래서 전쟁터에서는 석유를 확보하는 게 매우 중요했다. 당시 독일-오스트리아군과 영국-프랑스 연합군은 각각 루마니아 유전과 중동 지역 유전에서 석유를 조달하고 있었다. 두 진영은 카스피 해 연안의 바쿠 유전을 차지하려고 애를 썼고, 대서양을 지나는 유조선을 잠수함으로 공격하여 상대의 석유 공급원을 파괴하기 위해 필사적으로 노력했다. 제2차 세계대전에서도 독일은 바

쿠 유전과 인근 유전을 차지하려고 갖은 노력을 기울였다. 그러나 끝내 유전을 얻는데 실패했고 연합군에게도 패하고 말았다.

최근에도 석유전쟁은 계속되고 있다. 1991년에 일어난 걸프 전쟁은 자신들의 석유를 몰래 채취한다는 이유로 이라크가 쿠웨이트를 침공하면서 시작되었다. 2003년에 발발한 이라크 전쟁의 이면에도 석유가 있다. 미국과 영국은 이라크가 유엔의 무기사찰단을 속인 채 금지된 무기를 가지고 있다며 이라크를 공격했지만, 세계 언론은 유전을 차지하려는 미국의 속셈이 깔려 있다고 믿는다.

이렇게 석유가 분쟁의 불씨가 되는 것은 석유 생산지가 한정되어 있기 때문이다. 영국의 석유회사 BP가 내놓은 통계에 따르면 2007년 기준으로 세계 원유 매장량은 1조 2,379억 배럴로 추정하고 있다. 지금과 같은 생산 수준으로 볼 때 이는 약 42년 동안 캐낼 수 있는 양이다. 그 중 약 61%가 중동지역에 매장되어 있다. 세계 석유 소비의 46%를 차지하는 미국과 중국, 러시아, 일본의 매장량은 10%에 지나지 않는다. 석유가 적게 나는 곳에서 더 많이 소비하고 있으니 석유 확보 경쟁은 치열해지는 것이다.

이제 석유가 없는 인간의 생활은 상상할 수 없다. 석유가 없으면 보일러를 돌릴 수 없고 자동차는 달릴 수 없다. 전기도 생산할 수 없고 공장의 기계들도 가동시킬 수가 없다. 전 세계에 매장된 석유와 천연가스는 앞으로 50~100년밖에 쓸 수 없다. 이러한 전망은 우리를 우울하게 만든다. 태양과 풍력, 지열 같은 재생 가능 에너지는 아직 더디게 발전하고 있으니 말이다.

에너지 부족시대에 우리가 당장 실천할 수 있는 해결책 중 하나는 내복을 입는 것이다. 그리고 집안 온도를 조금 낮추면 우리의 몸은 바깥 온도에 자연스럽게 적응해서 거뜬하게 겨울을 날 수 있다. 게다가 실내와 바깥의 기온 차이가 심해서 걸리는 감기도 예방할 수 있다.

내복은 '내 안에 있는 복(福)'이라는 말이 있다. 기온이 점차 내려가고 바람이 쌀쌀해진다는 일기예보가 들려오면 망설이지 말고 '내 복(福)'부터 챙기자.

내복이 좋은 12가지 이유

- 몸살 기운이 있을 때 입는 내복은 보약 한 첩만큼이나 효과가 있다.
- 코감기를 달고 사는 아이들에게는 내복이 예방약이다.
- 오랫동안 바깥에서 작업을 할 때 내복은 든든한 친구다.
- 허약한 분에게는 건강식품보다 내복 한 벌이 더 좋은 선물이다.
- 난방용 기름과 가스요금을 절약하는 지름길은 내복이다.
- 환기가 잘 되지 않아 갑갑한 아파트에서는 내복을 입고 창을 조금 열자.
- 웃풍이 있는 방에는 문풍지를 달고 내복을 입으면 한결 따뜻하다.
- 바퀴벌레와 동거하는 게 못마땅하면 내복을 입고 실내 온도를 낮추자.
- 찬바람이 불어오는 늦가을과 꽃샘추위가 뒷발질을 하는 초봄에도 내복을 입자.
- 눈싸움을 신나게 하고 싶을 때, 겨울바람을 당당하게 맞고 싶을 때, 내복을 입고 겨울 속으로 뛰어들자.
- 석유 가격이 하루가 다르게 오르는 고유가 시대에는 내복이 곧 절약이다.
- 전쟁을 반대하고 세계 평화를 바란다면, 내복을 입고 석유 소비를 줄이자.

생각키우기

❶ 내 주위에 있는 물건 중에서 석유를 원재료로 만든 물건을 조사해 보자.

❷ 석유를 가장 많이 소비하는 나라 10개를 조사해 적어 보자. 한국은 10대 석유 소비국에 포함되는가?

❸ 석유가 완전히 고갈되면 어떤 일이 일어날까? 추측해서 적어 보자.

❹ 석유를 대체할 수 있는 자원이나 물질에는 어떤 것이 있을까? 그 이유와 개발 가능성에 대해 토론해 보자.

일회용 나무젓가락과 황사

고집불통 배달 총각

온 누리에 아지랑이 가물대던 어느 봄날, 내가 몸담고 있던 녹색연합은 서울의 성북동으로 이사를 했다. 여러 해 동안 이리저리 이삿짐을 옮기던 끝에, 드디어 아늑한 우리들의 공간을 마련한 것이다. 야트막한 언덕에 자리잡은 사무실은 숨이 차오르도록 가파른 길을 걸어 올라야 했지만 얼마나 기뻤는지 모른다. 이제 이사할 걱정 없는 우리 집이 생겼으니 말이다.

처음 이삿짐을 풀면서 녹색연합 식구들은 몇 가지 약속을 했다. 쓰레기를 세밀하게 분류해서 최소화하고, 되도록이면 재활용하고, 쓰레기가 될 만한 건 애초부터 사무실로 가져오지 말자고. 이런 약속을 지키기 위한 실천법 가운데 하나가 일회용 나무젓가락을 쓰지 않는 것이었다.

우리는 사무실로 중국음식을 배달시켜 먹는 일이 잦았다. 그런데 이사를 하고부터는 전화로 음식주문을 할 때 새로운 풍경이 벌어졌다.

"자장면 두 그릇 가져다주세요. 그런데 나무젓가락은 필요 없으니까 가져오지 마세요."

이게 뭔 소린가? 철가방 인생 수년째인데 자장면 시키면서 젓가락 가져오지 말라는 소리는 처음 들어본다. 배달 아저씨는 고개를 갸우뚱하면서 버릇처럼 자장면 두 그릇과 함께 나무젓가락을 살포시 내려놓았다.

"이건 필요 없어요. 도로 가져가세요."

아저씨 손에 나무젓가락을 다시 쥐어드렸다.

"이상한 사람들이네. 자장면은 나무젓가락으로 먹어야 제 맛인데……."

배달 아저씨는 의아한 표정으로 고개를 갸웃거리며 일단 되돌아갔다. 두 번째로 음식 배달을 시킨 날에도 역시 나무젓가락은 가져오지 말라는 이야기를 분명하게 했다. 그런데 아뿔싸! 잠깐 방심한 틈에 아저씨는 잽싸게 짬뽕과 단무지 사이에 나무젓가락을 얹어둔 채 바람처럼 사라지고 말았다. 그렇다고 포기할 우리가 아니었다. 나무젓가락을 모아두었다가 다음 번 배달 온 날, 아저씨 손에 쥐어드렸다.

"앞으로도 나무젓가락은 가져오지 마세요. 우리는 튼튼한 쇠젓가락을 가지고 있거든요."

그렇게 두어 달을 실랑이한 끝에 드디어 아저씨는 주문한 음식과 반찬만 들고 오기 시작했다.

"드디어 성공했군. 이렇게 일회용품 사용을 하나씩 줄여 가면 돼. 우리가 쓰지 않으면 중국집도 달라질 거야. 그런데 겨우 나무젓가락 하나 안 쓰는 일에도 몇 달씩 걸리다니, 정말 힘들다 힘들어."

그동안의 과정을 돌아보며 서로 격려하며 활짝 웃었다. 그런데 너무 일

찍 성공의 자만에 빠진 탓일까? 큰맘 먹고 오랜만에 탕수육을 시킨 날, 단무지 옆에 나무젓가락이 다시 등장했다. 알고 보니 새로 온 배달 총각이 저지른 일이었다.

이럴 수가! 중국음식점에서는 새로 입사한 직원에게 소비자의 세심한 요구를 교육시키지 않는단 말인가? 그렇다면 두 팔 걷고 직접 나서리라. 우리는 배달 총각에게 차근차근 설명을 하고 나무젓가락을 돌려주었다. 그런데 이 총각은 호락호락하지 않았다. 다른 음식점 이름이 새겨진 젓가락은 가져가지 않겠다고 했다. 우리가 그의 손에 쥐어준 한 움큼의 나무젓가락에는 통닭집과 족발집을 비롯해서 다른 중국음식점 젓가락까지 뒤섞여 있었던 것이다.

배달 총각의 말에도 일리가 있었다. 그래서 작전을 바꾸기로 했다. 음식점에서 배달할 때 가져오는 일회용품은 가능하면 거절하되, 깜빡 방심해서 받았을 경우에는 잘 모아두었다가 필요한 곳에 보내기로 했다.

대청소를 하면서 사무실 구석구석을 살피니 주방과 책상서랍에서 숨어 있던 나무젓가락이 꽤 나왔다. 판촉용 이쑤시개와 종이컵 역시 만만찮게 나왔다. 이런 일회용품을 모아서 종이상자에 담아 가까운 떡볶이 가게로 갔다. 고추장을 비비던 주인 할머니는 주걱을 내던지고 두 팔을 벌리며 뛰어나오셨다. 그래, 이왕 이 세상에 태어난 몸이니 쓸모 있는 곳에서 제 구실을 한 뒤에 장렬히 사라지거라. 나무젓가락 하나 없애는 것도 이렇게 힘든 일일 줄이야!

반갑지 않은 봄손님

얇고 가느다란 도구로 작은 밥알과 미끄러운 국수 가락을 단숨에 집어 올리는 젓가락질. 젓가락질을 가만히 들여다보면 무척 신비롭다. 젓가락을 쓰는 동안 우리 손의 관절 30개와 근육 50개가 동시에 움직이는데, 이것은 포크를 쓰는 것보다 대뇌에 더 많은 자극을 준다. 근육 조절 능력과 작은 물체를 집는 협응력 및 집중력 같은 두뇌능력이 젓가락질을 통해 얻어진다.

젓가락을 사용하는 문화권은 중국과 일본, 베트남, 몽골, 그리고 동남아시아 나라까지 세계 인구의 30%나 된다. 그런데 최근 들어 한번 쓰고 버리는 일회용 젓가락의 양이 점점 늘어나고 있다. 13억 중국인들이 쓰고 버리는 일회용 젓가락은 매년 450억 개나 된다. 일본 사람들은 일 년 동안 360억 개, 우리나라는 25억 개를 사용하고 있다. 우리나라와 일본에서 사용하는 일회용 젓가락의 90% 이상은 중국에서 수입한 것이다.

젓가락의 재료가 되는 나무는 자작나무와 백양나무, 포플러나무, 대나무인데, 일회용 젓가락을 만들기 위해 매년 2,500만 그루가 쓰러지고 있다. 화장지와 종이를 만들기 위해 나무를 베고 농토를 개간하고 목축을 하기 위해 숲을 없애고 있다. 숲이 사라진 땅을 복원하지 않아 차츰 모래언덕으로 변하면서 사막화가 진행되고 있다.

드넓은 중국에서 숲이 하나 사라지는 건 그만큼의 공터가 생기는 것으로 그치지 않는다. 숲이 사라진 땅이 모래언덕으로 변하고, 강한 바람이 불면 그 모래가 대륙을 지나고 황해를 건너 한반도로 날아든다. 이것이 바로 우리 하늘을 누렇게 물들이는 황사이다. 황사는 심하면 일본을 지나

태평양을 건너 미국 서부까지 날아가기도 한다.

"올해 들어 첫 황사가 나타나겠습니다."

반갑지 않은 황사 소식이 봄꽃 소식보다 먼저 뉴스에 등장한다. 태양은 한낮에도 뿌옇게 떠 있고, 꽃봉오리는 먼지를 뒤집어 쓴 채 제 빛깔을 잃고 말았다. 흰 빨래와 주차해 놓은 자동차에는 얼룩무늬가 그려졌다. 집안에는 공기정화기를 들여놓고, 외출할 때는 황사 마스크와 안약을 챙기고, 피부보호용 크림을 바르고 보호안경을 챙겨야 한다. 천식 환자와 기관지가 약한 사람들은 아예 집안에 갇혀 버리고, 아토피를 앓는 사람들은 밤새 몸을 긁는다. 유치원과 초등학교는 휴교하고, 첨단장비와 통신장비들은 단단한 보호막을 쳐야 한다.

황사는 바람을 타고 높이 올라간 미세한 모래먼지가 대기 중에 퍼져서 하늘을 덮었다가 서서히 떨어지는 현상과 그 모래흙을 말한다. 황사가 처음 기록된 것은 『삼국사기』인데, 174년 신라 아사달왕 때 '우토(雨土)'가 내렸다고 적혀 있다. 비에 섞여 내리는 황사인 황우(黃雨)와, 황사가 눈에 섞인 적설(赤雪), 안개에 섞인 황사인 황무(黃霧)라는 말도 찾아볼 수 있다.

'황사(黃砂)'라는 말은 일제강점기인 1915년 기상원보원부에서 처음 썼다. 그 시절에는 역사책에 기록할 만큼 흔치 않은 일이었다. 10여 년 전만 해도 황사는 '봄의 불청객' 정도로 가끔 나타났고, 피해를 주는 일도 드물어 알게 모르게 지나가는 봄바람 같았다. 그러나 요즘 황사는 봄날의 익숙한 풍경이 되고 말았다.

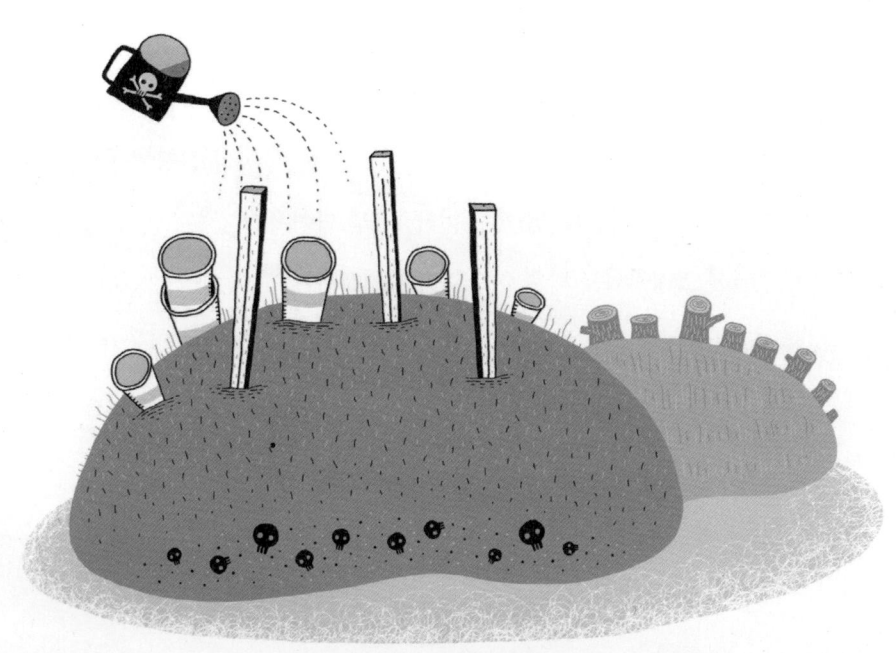

황사를 부르는 일회용품

황사의 발원지는 중국과 몽골의 경계에 걸쳐 있는 드넓은 건조지역과 그 둘레의 반건조지역이다. 우리나라에 영향을 주는 황사는 중국 신장 동쪽과 황허 상류지역 등지에서 주로 발생한다. 이곳에서는 안개처럼 뿌연 황사가 아니라 무시무시한 모래폭풍이 일어난다. 강한 바람과 함께 모래먼지가 나타나면 한 치 앞을 구분할 수 없을 정도이다.

「제5차 지구시민사회포럼 보고서」는 가뭄과 변덕스러운 강수량, 강풍과 모래 등 자연요인, 경작과 목축, 땔감이나 식물 채취, 지나친 물 사용과 급격한 인구증가를 황사의 원인이라고 밝혔다. 유라시아 대륙의 중심부는 바다와 멀리 떨어져 있어서 매우 건조하고 비가 적게 오는데, 겨우내 얼었던 토양이 녹으면 모래가 많이 생긴다. 그렇게 생긴 모래가 폭풍이나 강한 바람에 날려 공중을 떠돌다가 멀리까지 날아가는 것이다.

지난 10년 동안 우리나라에서 황사는 해마다 3월~5월, 약 3개월 동안 10~20회 가량 나타났다. 대륙을 거쳐서 온 황사에는 중국의 공장지대가 배출한 아황산가스나 카드뮴, 납, 알루미늄, 구리, 다이옥신 같은 오염물질이 섞여 있어서 그러잖아도 탁한 한반도의 공기를 더욱 오염시키고 있다.

황사의 발원지는 중국이지만 모든 책임이 중국에만 있는 것은 아니다. 세계 여러 나라는 싼 물건을 선호한다. 땅이 넓어 원료가 풍부하고 일할 사람도 많은 중국은 값싼 상품을 많이 만들어 팔고 있다. 선진국의 풍요로움을 따라가려는 중국 사람들에게는 환경보전보다는 경제성장이 우선이기 때문이다.

우리 역시 값싼 중국산 나무제품을 즐겨 쓴다. 나무젓가락뿐 아니라 이쑤시개, 종이컵과 포장지, 대나무 바구니, 가구, 장식용 소품까지, '메이드 인 차이나' 나무제품은 너무 다양하다. 돌잔치, 생일잔치, 결혼식, 장례식 등 인생의 중요한 행사 때에도 일회용품은 넘쳐난다.

2010년 중국 CCTV는 나무젓가락 생산 공장에서 곰팡이가 생기는 걸 막기 위해 공업용 유황으로 훈증하는 과정을 거치고, 그래도 곰팡이가 생길 경우 공업용 과산화수소로 표백작업을 한다고 보도했다. 이 과정에서 화학약품 사용량이 허용 기준치를 훨씬 넘어선다고 지적했다. 이런 제품을 반복해서 사용하면 건강에 문제가 생길 수도 있다. 일회용품 사용은 이제 쓰레기 문제를 넘어 건강문제로 이어지고 있는 것이다.

나무젓가락의 포장을 찢고 나서 음식을 다 먹는데 걸리는 시간은 아무리 넉넉하게 잡아도 1시간 정도이다. 하지만 버려진 나무젓가락이 완전히 썩는 데는 20년이 걸린다. 한번 쓰고 버리는 것도 아깝지만, 아름드리 백양나무와 자작나무 숲이 젓가락의 재료로 쓰이기 위해 사라지는 게 더욱 안타깝다. 수십 년의 세월 동안 온갖 풍상을 견디며 숲을 이룬 아름드리 나무들이 너무나 허무하게 쓰러지고 있는 것이다.

자연은 인간의 깨끗한 삶을 위해 잘 보존되어야 할 소중한 존재인데 한번 쓰고 버려지는 물건이 되기 위해 나무가 쓰러지고 숲이 사라져도 괜찮은 걸까? 지구에 태어난 모든 생명체 중에서 일회용품으로 쓰여도 괜찮을 만큼 하찮은 존재가 따로 있는 것일까?

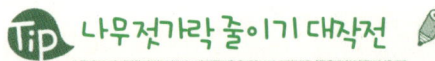
나무젓가락 줄이기 대작전

- 음식을 배달시키거나 포장된 음식을 살 때 나무젓가락은 정중하게 거절한다.
- 잔치나 행사 때는 단단하고 여러 번 쓸 수 있는 쇠젓가락을 준비한다.
- 소풍이나 여행갈 때는 휴대용 젓가락을 챙기는 것도 좋은 방법이다.
- 사무실에서 간식을 먹을 때는 준비해 놓은 젓가락을 사용한다.
- 나무젓가락은 살 때도 버릴 때도 돈이 든다. 쇠젓가락을 사용하면 비용을 절약할 수 있다.
- 그래도 나무젓가락이 모인다면 일회용품이 꼭 필요한 곳에 기증한다.
- 가게에서도 일회용품은 사양하고, 일회용품을 많이 쓰는 곳은 발길을 돌린다.
- 중국과 몽골의 사막화를 막기 위해 활동하는 단체를 후원한다.

  – **푸른아시아** www.simin.org

  기후변화에 대응하고 사막화를 막기 위한 활동을 펼치고 있다. 몽골과 중국 등 사막지대에 나무를 심고, 청소년 대상 환경교육 프로그램을 진행한다.

  – **미래숲** www.futureforest.org

  중국의 사막지역에 한국과 중국의 청소년들을 보내 나무를 심는 사업을 펼치고 있다. 사막화 방지 활동 및 한·중 양국 청년 교류를 위한 민간우호단체이다.

  – **에코피스 아시아** www.ecopeaceasia.org

  중국과 몽골의 사막화 방지, 바다의 습지인 '맹그로브 숲' 복원, 친환경 에너지 보급 등 생태계 회복을 위해 활동하고 있다.

 생각키우기

❶ 과거에도 우리나라에 황사 현상이 있었지만 지금처럼 심하지 않았다. 근래 들어 황사 현상이 심해진 원인을 찾아 적어 보자.

❷ 세계적으로 숲이 사라지면서 생긴 문제에 대해 더 조사해 보자.

❸ 중국의 사막화 현상처럼 한 나라의 환경 문제가 나라에까지 영향을 미치는 사례를 조사해 보자.

❹ 기금을 조성하고 전문가를 파견하는 등 우리나라는 중국의 사막화 방지에 힘을 보태고 있다. 그러나 한편에서는 중국의 사막화 방지를 도울 게 아니라 중국의 황사가 우리나라에 끼치는 피해에 대한 보상을 요청해야 한다고 주장한다. 어느 의견에 동의하는지 입장을 밝히고 지지하는 글을 간단하게 써 보자.

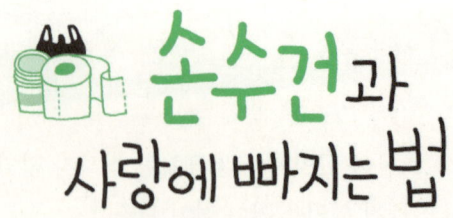
손수건과 사랑에 빠지는 법

내가 하루 동안 쓰는 화장지

요란한 자명종 소리에 눈을 비비며 일어나자 배가 꾸르륵거린다. 밤새 위장이 소화시킨 찌꺼기들이 아우성치는 소리다. 화장실로 달려가 근심을 해결하고 화장지를 뜯는다. 손에 집히는 대로 둘둘 말아서 닦는 사람도 있다는데, 나는 정확히 9칸으로 해결한다. 아무리 생각해도 난 정말 알뜰해.

어제 저녁 과식을 한 바람에 속이 편치 않아서 아침을 먹는 둥 마는 둥 하고 화장지 2칸을 뜯어 입을 닦는다. 엇, 물을 쏟았네. 아침부터 왜 이러지? 화장지를 한 움큼 뜯어 식탁 위를 닦아낸다. 화장지 10칸.

이를 닦은 뒤 코를 풀기 위해 다시 화장지 3칸을 사용한다. 세수를 하고 말쑥한 얼굴로 거울 앞에 앉았다. 앗, 얼굴에 물기가 남아 있네. 화장지 2칸으로 닦아낸다. 어라, 거울에도 얼룩이 묻었잖아? 다시 화장지 2칸. 화장품을 바르면서 바닥에 흘린 걸 닦느라 화장지 2칸을 또 뜯는다.

여기저기서 전화벨이 요란하게 울리고 사람들이 분주하게 드나드는 사무실. 약속한 손님이 오셨다. 그런데 회의실 책상 위가 지저분하네. 대체 어떤 사람이 뒷정리를 안 했지? 화장지를 뜯어서 책상을 닦고 의자도 훔친다. 20칸. 중요한 회의를 마치고 손님이 돌아가고 나니 긴장이 풀린다. 바로 화장실로 달려가서 화장지 6칸을 없앤다.

어느덧 점심시간이 되었다. 사람들과 함께 간 식당에는 사람들이 와글와글댄다. 주문을 받으면서 종업원이 일회용 물수건을 건넨다. 땀을 흘리며 맛있게 먹고 입을 닦으려는데 사람들이 많아서 그런지 화장지가 금세 동이 났다.

"아주머니, 여기 화장지 좀 주세요."

주인 아주머니는 아예 두루마리 화장지를 통째로 건넨다. 입도 닦고 땀도 닦고 옷에 살짝 흘린 음식까지 닦아 낸다. 우리 집 물건이 아니어서 그런지 평소보다 씀씀이가 헤프다. 넉넉하게 20칸을 쓴다. 일어서면서 보니 밥상 위에 남긴 음식과 쓰고 버린 화장지가 수북하다.

오후에도 화장실을 2번 더 다녀왔다. 화장지 12칸을 더 쓴다.

집으로 돌아오니 저녁 먹을 시간이다. 오늘은 뭘 해 먹을까? 냉장고에 남아 있는 채소를 모아 볶음밥을 해 먹어야지. 팬이 어디 있더라? 아차, 어제 요리해 먹고 기름기를 제대로 닦지 않았네. 화장지를 뜯어 팬을 닦는다. 10칸.

호박을 썰다가 손가락 끝이 살짝 베었다. 붉은 피가 똑똑 떨어진다. 얼른 화장지를 뜯어 지혈한 뒤 소독약을 바르고 밴드를 붙였다. 그 바람에 화장지 10칸을 쓴다.

　저녁을 푸짐하게 먹고 나니 설거지를 해야 할 그릇들이 가득하다. 기름진 음식을 먹은 탓에 그릇이 죄다 미끈거린다. 화장지를 뜯어 팬을 닦고 도마와 칼도 닦는다. 40칸.

　설거지를 마치고 나자 속이 거북하다. 요즘 내가 왜 이러지? 속이 계속 부글거리네. 곧바로 화장실로 달려가 일을 보고 9칸으로 해결한다.

　어, 화장지가 다 떨어졌네. 산책도 할 겸 슈퍼에 가서 한 묶음 사와야겠군. 걸으며 곰곰이 생각해 보니 내가 오늘 하루 동안 쓴 화장지는 모두 157칸이다. 1칸은 11.5cm이니 11.5cm×157칸=1,805.5cm. 엇, 알뜰한 내가 하루에 18m나 되는 화장지를 없앴단 말인가? 세상에나!

화장지의 탄생 과정

인류 최초로 종이로 뒤를 닦기 시작한 건 중국인이었다. 종이를 처음 발명한 사람이 중국인이기 때문이다. 세계 최초로 종이를 발명한 사람은 서기 105년 중국 후한시대의 채륜이었다. 그는 나무껍질과 마, 넝마, 헌 어망을 원료로 종이 만드는 방법을 개발했다. 종이 만드는 기술이 중국에서 유럽으로 건너간 건 그로부터 천 년이라는 긴 세월이 흐른 뒤였다.

가공된 화장지를 처음 만든 사람은 미국인 조셉 가예티였다. 1857년 가예티는 낱장을 꾸러미로 묶은 화장지를 시중에 내놓았다. 그런데 당시 사람들은 뒤처리하는 종이를 돈 주고 살 필요성을 느끼지 못했다. 집으로 날아오는 신문과 광고지, 잡지를 화장실에 쌓아두고 뒤처리를 했기 때문

이다. 소비자들의 반응이 신통치 않자 가예티는 화장지 생산을 중단했다.

그로부터 20년이 더 지나서 스코트 형제는 화장지 사업을 다시 시작했다. 그들은 화장지의 새로운 상품성을 강조했다. 한번 쓰고 버리는 일회용품이고, 생활에 없어서는 안 되는 필수품이라고 홍보했다. 마침 수세식 변기가 널리 보급되면서 화장지는 날개 돋친 듯 팔려나갔다.

화장지의 원료는 아름드리 나무에서 나온 펄프다. 펄프 덩어리를 물에 풀어 부드럽게 만든 다음, 펄프에 섞여 있는 이물질을 없앤다. 깨끗하게 걸러진 펄프를 물에 넣어 희석시킨 뒤, 커다란 판 위에 일정하게 뿌려 물기를 없앤다. 잘 마르면 펄프 판상(板狀)이 남는데, 이것이 화장지이다.

그런데 화장지는 순수 펄프로만 이루어지지 않는다. 미용 티슈나 식탁용 냅킨, 주방용 종이타월은 물을 잘 흡수하면서도 습기에 강한 성질이 필요하다. 사용하다 찢어지지 않도록 습윤지력 증강제를 첨가한다. 화장실용 휴지는 변기가 막히는 일이 없도록 물에 잘 녹는 유연제를 넣는다. 화장실용 휴지는 대부분 한번 인쇄했던 종이를 원료로 하는데, 이 종이에는 인쇄잉크 잔여물이 남기 때문에 이것을 없애야 한다. 그런데 인쇄잉크에는 중금속이 섞여 있다.

화장지를 만들 때 인쇄잉크를 아무리 말끔히 없애도 재생한 펄프에는 미세한 중금속이 남아 있게 된다. 뿐만 아니라 재생펄프는 천연펄프보다 색이 어둡고 탁해서 형광물질을 넣어 하얗게 표백을 한다. 따라서 눈부시게 하얀 화장지는 화학물질을 많이 넣어서 가공한 것이므로 인체에 유해하다. 이처럼 화장지는 건강과 밀접한 관계가 있다.

걸레와 수건의 쓰임새

내 방에는 손수건이 많다. 예뻐서 산 것, 기념품으로 받은 것, 선물로 받은 것까지 다양하다. 애초에 작심한 것은 아닌데 하나 둘 모으다보니 손수건 수집이 취미가 되었다. 색색깔 아름다운 무늬와 좋은 의미가 담긴 손수건을 펼쳐볼 때마다 마음이 흡족하다. 농담으로 나는 이렇게 말하곤 했다. 죽기 전에 손수건 전시회 한번 해 보는 게 꿈이라고…….

알록달록 얇은 손수건의 쓰임새는 무척 다양하다. 밥 먹고 난 뒤 입 닦고 땀 닦고 코도 푼다. 상처를 치료할 때도 쓴다. 도시락을 포장하고 머릿수건이 되거나 방석 대신 깔고 앉기도 한다.

우리 집에는 걸레도 많다. 방 입구에 하나, 주방 싱크대 아래 하나, 윗목에 하나, 욕실 입구에 하나, 눈 닿는 곳마다 걸레가 있다. 잘 마른 걸레로 발을 닦고, 방바닥을 훔치고, 구석구석 쌓인 먼지도 닦아낸다. 건조한 겨울철에는 걸레를 물에 적셔 윗목에 널어두면 습도 조절도 된다.

손수건과 걸레를 즐겨 쓰면서 달라진 점은 화장지 씀씀이가 눈에 띄게 줄었다는 것이다. 물을 엎질러도 화장지, 코를 풀 때도 화장지, 입을 닦을 때도 화장지, 쓰레기통을 가득 채웠던 화장지가 부쩍 줄어들었다. 손수건과 걸레는 빨아서 다시 사용할 수 있다. 그렇다면 화장지를 아끼는 대신 물을 낭비하는 게 아닐까?

내 생각은 이렇다. 한번 사용하고 버리는 것보다 여러 번 되풀이해서 사용하는 게 훨씬 절약이다. 버린 물은 자연의 질서에 따라 흐르고 증발하여 비가 되어 순환하지만, 나무는 수십 년을 자라야 굵어지지 않던가.

화장지는 우리의 생활 습관을 바꾸어 놓았다. 화장지를 자주 쓰게 되면서 쉽게 쓰고 버리는 생활에 익숙해졌고 편리함을 쫓는 습관이 들었다. 일회용품이 만들어낸 문화는 오래 간직하고 고쳐서 사용하던 알뜰함과 절약정신을 밀어내고 말았다. 가벼운 고장이 생겨도 새 것으로 바꿔버리고, 신제품이 나오면 멀쩡한 물건도 싫증내고 새 것에 눈독들인다. 덕분에 처리해야 할 쓰레기는 점점 높은 산을 이루고 있다.

일회용품은 편리하고 홀가분해서 좋지만, 그 원료와 만들어지는 과정은 결코 간단하지가 않다. 가느다란 나무젓가락과 하늘거리는 화장지는 수십 년 된 굵은 나무가 쓰러진 것이고, 얇은 비닐은 수억 년 동안 지구가 품어서 만든 석유에서 추출한 것이다.

일회용품은 건강과 안전성을 고민하게 만든다. 플라스틱이나 스티로폼으로 만든 제품에는 환경호르몬이 녹아나오고, 일회용품은 화학물질 처리가 되어 있다. 우리는 편리함의 대가로 안전을 지불하고 있는 것이다.

걸레와 손수건을 사용하면 물자를 아끼고 건강에도 좋으니 일거양득이 아닐 수 없다. 애초에 걸레와 손수건이 차지하고 있던 자리를 슬그머니 빼앗은 게 화장지가 아니었던가. 이제라도 걸레와 손수건에게 본래의 자리를 되찾아주도록 하자.

📑 일회용품, 이렇게 바꿔 보자

- 나무젓가락, 플라스틱 숟가락 → 튼튼한 쇠젓가락과 쇠숟가락을 쓴다.
- 랩, 호일 → 뚜껑 있는 그릇에 담는다.
- 물티슈 → 물로 씻거나 물에 적신 손수건을 쓴다.
- 비닐봉지 → 장바구니나 천주머니를 사용하고, 비닐봉지는 가게에 돌려준다.
- 비닐장갑 → 나물 요리를 할 때는 음식에 손맛이 배도록 맨손으로 무친다.
- 은박접시, 스티로폼 그릇 → 사기접시와 스테인리스 그릇을 쓴다.
- 여행용 칫솔 → 집에서 사용하던 칫솔을 챙겨간다.
- 아기기저귀 → 짓무름이 없고 오래 쓸 수 있는 천기저귀를 사용한다.
- 일회용 생리대 → 건강에 좋은 면생리대를 사용한다.
- 종이컵 → 유리나 사기컵을 사용하고 텀블러나 개인컵을 늘 가지고 다닌다.
- 키친타월 → 기름기는 과일껍질이나 채소 자투리로 닦은 뒤, 쌀뜨물로 설거지한다.
- 포장지 → 비닐 재질보다 종이로 된 포장지를 사용하고, 보자기나 가방에 담는다.
- 이쑤시개 → 물로 입안을 헹구거나 바로 이를 닦는다.
- 화장지 → 손수건이나 걸레를 사용해서 화장지 씀씀이를 줄인다.

생각키우기

❶ 우리 집에서 자주 사용하는 일회용품을 찾아보자. 그 일회용품의 원료는 무엇이고, 분해되는 데 걸리는 시간은 얼마인지 조사해 보자.

❷ 일회용품을 사용하지 않는 소풍을 떠나려고 한다. 음식은 어떤 그릇에 담고, 무엇을 챙겨야 할지 계획을 세워 보자.

❸ 많은 사람이 모이는 행사가 다가오고 있다. 사기로 만든 그릇과 접시, 컵을 챙기다 보니 부피가 크고 무거운 데다 사용한 뒤에는 설거지를 해야 한다. 한번 쓰고 버리는 일회용품은 편리하지만 환경호르몬이 걱정이고 쓰레기도 많이 생긴다. 사기그릇과 일회용품 중 어느 것을 선택해야 할까? 자신의 생각을 말해 보자.

스위치를 켜면 무슨 일이 생길까?

우리 주변의 전기제품들

"저 전등이 어떤 스위치였지?"

지난번에는 분명히 알았는데 다시 보니 모르겠다. 방, 거실, 주방, 현관 안, 현관 밖, 베란다, 모두 여섯 개의 스위치가 한곳에 모여 있는 벽을 바라보며 고개를 갸우뚱거린다.

"다 켜보면 되지 뭐."

모든 스위치를 다 켰다가 하나씩 끈다.

"맨 아래가 거실 전등 스위치였구나. 이제 알았어. 분명히 알았어!"

그러나 며칠 뒤에 거실 벽을 바라보며 다시 고개를 갸우뚱한다.

"거실 전등 스위치가 어떤 거였지?"

이사한지 얼마 안 되는 집에서 자주 일어나는 광경이다. 이것은 기억력이 나쁜 게 아니라 집중을 하지 않은 탓이고 전기의 중요성을 가볍게 여겼기 때문이다.

전구의 밝기에 따라 차이가 있긴 하지만, 등을 하나 켤 때마다 평균 20~40W의 전기가 소비된다. 형광등 2개가 나란히 있다면 그 두 배가 소비된다. 문제는 이런 실수를 나 혼자만 하는 게 아니라 온 가족이 익숙해질 때까지 되풀이한다는 사실이다.

녹색연합에는 40명 가까운 사람들이 활동하고 있다. 그러나 상주하는 사람의 수보다 방문자의 숫자가 훨씬 많다. 일주일에 며칠씩 꾸준히 찾아오는 자원활동가와 회원들, 회의하러 오는 여러 단체의 활동가들, 견학 온 학생들, 인터뷰를 위해 찾아오는 기자까지, 적은 날은 몇 명이지만 많은 날은 수십 명이 드나든다. 1층부터 3층까지 쓰는 전기량도 만만찮지만, 여러 사람이 드나들면서 전등을 잘못 켰다가 다시 끄는 일도 잦다. 그래서 찾아낸 생활의 지혜가 스위치마다 이름표를 적어두는 것이었다.

'시민참여국 32W×2'.

방에 붙어 있는 스위치마다 이런 이름표를 붙였다. 이 스위치는 시민참여국의 전등이고, 한번 켤 때마다 전구 2개가 32W의 전기를 소비한다는 뜻이다. 필요한 전등만 켜고 스위치를 올리기 전에 다시 한번 확인해 보자는 작은 약속이다.

물가가 자꾸 오르고 연료비도 만만치 않으니 이번 달부터는 전기요금을 조금 줄여보자, 이렇게 마음먹고 집안을 꼼꼼하게 살펴보면 뜻밖에도 낭비하고 있는 전기가 많다. 바로 대기전력이다. 대기전력은 가전제품이 준비상태를 유지하는 동안 소비되는 전력으로, 플러그를 콘센트에 꽂아 놓으면 소모되는 전력이다. 가전제품을 사용한 뒤 플러그를 꽂아 두면 전기가 낭비되는 것이다.

집에서 사용하는 가전제품의 수가 점점 늘어나고 있다. 신혼부부의 혼수품에는 일곱 가지의 가전제품이 기본이라고 한다. 냉장고와 텔레비전, 컴퓨터, 세탁기, 청소기, 전자레인지, 전기밥솥이 그것이다. 그렇다면 10년이 지난 부부의 집에는 가전제품이 얼마나 있을까? 오디오, 비디오, 김치냉장고, 러닝머신, 전기포트, 요구르트 발효기, 족욕기, 약탕기, 전기장판, 안마기, 미용기구와 건강기구까지. 하나하나 꼽다보면 깜짝 놀라게 된다. 그동안 너무도 많은 제품을 사들였기 때문이다.

상황이 이렇다보니 당연히 전기요금도 많이 나온다. 그런데 전기요금에는 누진세가 적용된다. 누진세는 과세표준액이 커질수록 세율을 높여 징수하는 조세제도로, 전기를 많이 쓸수록 더 많은 요금을 지불해야 한다.

전기는 인간의 생활을 편리하게 만들어 주었다. 이제 전기 없는 생활은 상상할 수조차 없다. 그런데, 이 전기는 어디에서 오는 것일까?

전기는 어떻게 만들어지나

전기를 만드는 것은 크게 수력 발전, 화력 발전, 원자력 발전, 재생가능 에너지 발전으로 나눌 수 있다. 전국 곳곳의 발전소에서 전기를 생산하면 변전소를 거쳐 송전탑과 송전선을 타고 각 가정으로 배달된다.

수력 발전은 강 가운데에 댐을 만들고 물을 가뒀다가 전기를 일으킨다. 댐은 전기를 만드는 일 외에도 가둬둔 물을 농업용수와 공업용수로 보내고, 가뭄과 홍수를 조절하는 등 다목적 기능을 한다. 그런데 흐르는 강물을 막고 들어선 댐은 숲과 계곡을 물 속에 잠기게 했다. 골짜기를 오르내리던 야생동물은 보금자리를 옮겨야 했고, 그곳에 살던 사람들은 수몰민 신세가 되어 정든 고향을 떠나야 했다.

회귀본능이 있는 연어는 더 이상 강을 거슬러 올라갈 수가 없게 되었고, 상류에서 떠내려 온 쓰레기들은 댐 바닥에 켜켜이 쌓여 썩고 있다. 많은 양의 물이 한꺼번에 고이면서 안개가 늘어 농작물이 제때 여물지 못하고, 사람들은 호흡기 질환으로 고생한다.

원자력 발전은 어떤가? 원자력 발전은 우라늄 원자핵이 작게 쪼개지면서 발생하는 높은 열로 물을 끓여 만든 증기로 발전기를 돌려서 전기를 만들어내는 방식이다. 문제는 이 과정에서 독성이 매우 강한 방사선이 방출된다는 것이다. 이 방사선의 세기를 방사능이라 한다.

방사능은 짧게는 수십 초에서 길게는 백만 년 동안 독성을 지닌다. 사람이 방사선을 쬐면 구토와 설사가 일어나고 며칠 또는 수십 년의 잠복기를 거쳐 백혈병과 백내장, 폐암과 갑상선암 같은 심각한 병을 일으킨다. 몸 속에 쌓여 있다가 유산이나 사산을 하거나 기형아 출산의 원인이 되기도 하며, 그 독성이 자손에게까지 전해진다. 1979년 미국 펜실베이니아 주 스리마일 섬에서 발생한 사고와 1986년 옛 소련 체르노빌 원자력 발전소 폭발사건을 보면서 우리는 원자력이 얼마나 무서운 것인지를 확인할 수 있었다. 그 때 피해를 입은 사람들은 지금도 고통의 날을 보내고 있다.

2011년 3월 11일, 일본에서 대지진이 일어났다. 태평양에서 진도 9의 강력한 지진이 일어나자 일본 북동쪽 해안가 마을에 쓰나미가 밀어닥쳤다. 건물이 무너지고 차가 떠내려가고 농토는 잠겼다. 바닷물로 초토화된 지역을 복구하기도 전에 원자력 발전소에 문제가 생겼다.

　지진 해일이 일어난 다음날, 해안가에 자리잡은 후쿠시마 원자력 발전소에서 폭발사고가 일어났다. 일본 열도는 지진이 잦은 땅이라 발전소를 건설할 때 완벽한 내진 설계를 했다고 자부했다. 하지만 사람들의 예상을 뛰어넘는 강한 지진이 일어나자 발전소에 전기 공급이 중단되었고 발전소를 제어하는 시설도 멈춰 버렸다. 그러자 원자로의 온도를 낮춰주는 냉각수를 공급할 수 없게 되었고, 점점 뜨거워진 원자로는 1호기부터 4호기까지 하나둘 폭발하기 시작했다.

　공중으로 방사능이 퍼져 나가자 후쿠시마와 인근 지역 사람들은 발전소에서 되도록 먼 곳으로 떠나기 시작했다. 다른 지역 사람들도 공기 중으로 떠도는 방사능에 노출되지 않도록 마스크와 모자로 중무장을 했다. 우리나라는 방사능이 바람을 타고 이동해 오는 걸 염려해서 전국 곳곳에서 실시간으로 방사능 수치를 확인하고, 일본에서 입국하는 사람들과 수입 농산물의 방사능 검사를 했다. 전 세계 사람들은 자신의 나라에 있는 원력 발전소는 안전한지에 대해 걱정과 의심을 하면서 핵 반대 운동을 벌였다. 안전하고 깨끗한 에너지라고 강조했던 원자력이 얼마나 위험한 에너지인지를 이 사건을 통해 다시 한 번 확인할 수 있었다.

　원자력 발전은 전기를 생산한 뒤 나오는 핵폐기물을 관리하는 것도 문제다. 전기 소비가 늘면서 전기 발전량이 늘고 핵폐기물도 늘어나고 있다. 핵폐기물은 독성이 밖으로 나오지 못하게 특수시설에서 관리해야 하는

데, 원자력 발전을 하는 모든 나라는 아직도 핵폐기물을 최종 처리할 안전한 방법을 찾지 못한 채 모아두고만 있다. 우리나라는 2011년 기준으로 원자력 발전소를 21기 가동 중인데, 이곳에서 생산하는 전기는 전체의 34%를 차지하고 있다.

한편, 화력 발전은 석탄, 가스, 석유를 원료로 전기를 일으킨다. 그런데 이중 석유와 천연가스의 전 세계 매장량은 앞으로 40~60년 정도 사용할 양만이 남았다고 한다. 원자력의 원료인 우라늄의 매장량 역시 60년 정도에 지나지 않는다고 한다. 결코 여유 있는 시간이 아니다. 햇빛과 바람, 지열, 파도 등 재생가능 에너지는 연구개발이 점점 활발해지고 있지만, 아직 화석연료를 보완하는 수준에 머물고 있다.

전기, 어떻게 써야할까

발전소에서 생산한 전기를 도시까지 배달하기 위해서는 송전선을 잇는 대형 송전탑을 세워야 한다. 이 송전탑은 주로 높은 산의 능선에 들어서는데, 100m나 되는 대형철탑을 세우고 관리하려면 차가 드나들 수 있는 작업 도로를 닦아야 한다. 그런데 산 중턱 지반이 약한 곳에 숲을 없애고 무리하게 작업 도로를 닦았다가 땅이 내려앉고 장마철에 산사태가 일어나는 일이 곳곳에서 벌어졌다. 송전탑이 들어선 산 아랫마을에는 거대한 흙더미가 쓸려내려오고, 산이 무너지면서 큰 바위가 앞마당까지

굴러오는 일도 생겼다.

도시의 밤거리에는 현란한 네온사인이 번쩍이고, 대형 광고판은 쉴 새 없이 사람들의 눈길을 유혹하고 있다. 가장 전기를 많이 쓰는 시간인 피크타임의 전기 사용량은 해마다 기록을 갱신하고 있다.

우리가 전기를 편하게 쓰는 동안 발전소 근처에 사는 사람들은 큰 불편을 겪고, 우리 후손들은 위험한 핵폐기물 더미 속에서 살아야 한다. 조상들이 잠깐 쓰고 버린 전기 쓰레기 때문에 후손들은 안전문제를 심각하게 고민해야 한다. 우리 조상은 운치 있는 조개 무덤을 남겨서 역사 연구에 흥미를 더해주었다. 하지만 후손에게 핵폐기물을 남긴 우리는 두고두고 원망을 사게 될 것이다. 이것은 환경 문제뿐만이 아니라 윤리 문제이기도 하다.

혹시 지금 아무도 없는 방과 사무실에 불이 켜져 있고, 텔레비전이 저 혼자 떠들고 있지는 않는가? 사용하지 않는 전자제품의 플러그가 꽂혀 있지는 않은가? 몸을 움직여 할 수 있는 일인데도 전자제품에 의존하지는 않는가? 잠깐만이라도 모든 전자제품의 사용을 중단하고 전기에 대해 한 번 곰곰이 생각해 보자.

Tip 전기를 아끼는 16가지 방법

- 밝은 날에는 창가 쪽 전등을 끈다.
- 작은 등을 여러 개 달지 말고 큰 것 하나만 단다.
- 복도와 현관에는 타임스위치를 단다.
- 같은 전력으로 3배 밝은 삼파장 전구를 쓴다.
- 형광등에 빛을 반사시켜 주는 전등갓을 씌우면 더 밝아진다.
- 창 반대편 벽을 밝은 색으로 도배하면 방 전체가 밝아진다.
- 가전제품을 고를 때는 에너지소비효율등급이 1등급인 제품을 선택한다.
- 가스 압력밥솥은 똑같은 에너지로 밥이 빨리 되게 한다.
- 텔레비전 리모컨을 한 번 누르면 3W가 소모된다. 채널을 자주 바꾸지 말자.
- 에어컨은 바깥 온도와 5°C 이상 차이나지 않게 조절하고 선풍기와 함께 쓴다.
- 컴퓨터에는 대기전력을 막아주는 절전형 멀티탭을 단다.
- 겨울철 낮에는 보일러를 끈다.
- 겨울철 난방 온도는 18~20°C, 여름철 냉방 온도는 25°C에 맞춘다.
- 전자제품을 쓰지 않을 때는 플러그를 뽑아둔다.
- 전기장판이나 전기온돌 같은 전열제품을 쓰지 않는다.
- 전기요금 청구서를 보면서 지난달 전력 소비량과 비교해 본다.

생각키우기

❶ 우리 집에서 사용하는 가전제품을 조사해 보자. 그 중 일주일에 한 번 이상 사용하지 않는 걸 적어 보자.

----

❷ 전기를 절약할 수 있는 방법을 찾아 보자. 그 방법 중에서 지금 내가 실천하고 있는 것은 무엇인가?

----

❸ 원자력 발전은 우리나라에서 두 번째로 많은 전기를 생산하는 발전 방식이다. 별다른 대책이 없다면 화석연료가 고갈됨에 따라 원자력 발전에 의한 전기 생산량은 계속 증가할 것이다. 여러분은 원자력 발전에 대해 어떻게 생각하는가? 자신의 생각을 글로 적어 보자.

쓰레기 더미에서 발견한 보물

길에서 만나는 횡재

이사를 하기 위해 짐을 챙기다가 살림살이가 만만치 않다는 걸 새삼 느꼈다. 작은 가방 두 개 달랑 들고 서울로 올라온 지 몇 해째, 어느새 살림살이는 중형트럭을 가득 채우고야 말았다. 쓸모 없어진 살림살이를 재활용 가게에 기증하고, 필요한 이에게 나눠주고, 재활용 쓰레기로 내놓은 양도 만만치 않건만 이삿짐을 옮기다보니 끝이 없다.

이사를 다니다보면 방의 크기와 구조에 따라 새로운 물건이 필요하고, 쓸모 없는 물건이 생기기도 한다. 어떻게 처리할지, 그리고 어떻게 구할지 며칠 고민하다보면 신기하게도 필요한 물건이 때맞춰 나타나고, 쓸모가 없어진 물건도 새 주인이 나타난다.

큰맘 먹고 가게에 가서 반짝이는 신형 제품을 고르는 재미도 있지만 누군가 쓰다가 내놓은 물건을 발견하는 기쁨도 그에 못지않다. 비록 중고품이지만 맞춘 듯이 딱 맞고 쓰임새가 적당한 걸 발견했을 때의 기쁨이란!

색칠을 다시 하거나 모양을 바꾸거나 다른 용도로 활용할 수 있는 방법이 떠오를 때면 보물이라도 발견한 듯 황홀감에 빠진다.

알고 지내던 사람들과 물건을 나누는 일도 종종 생긴다. 튼튼한 신발장은 모임에서 알고 지내던 분에게 얻었고, 가스레인지는 어느 집 지하창고에 잠자고 있던 것을 얻어왔다. 깨끗하게 썼고 보관도 잘 했던 물건들이라 보자마자 첫눈에 반하고 말았다. 중고품이라고 해서 수명이 짧은 것도 아니다. 가스레인지는 얻어온 지 5년째, 냉장고는 10년째인데 고장 한 번 없이 잘 쓰고 있다.

옆집이 이사를 가는 날은 횡재하는 날이다. 산삼을 캐는 심마니 심정으로 쓰레기 더미를 살피곤 한다. 반원형 거울과 체중계, 플라스틱 바구니, 의자, 작은 수납장을 그렇게 얻었다.

언젠가부터 길을 갈 때면 재활용 쓰레기 더미를 살피는 버릇이 생겼다. 가끔 눈에 번쩍 띄는 물건이 있기 때문이다. 누가 쓰던 거면 어떠랴. 말끔하게 닦아서 쓰면 되지. 길에 버려진 거라고 선입견을 가질 필요는 없다. 불과 몇 시간 전까지만 해도 누군가의 집에서 요긴하게 쓰다가 밖으로 밀려나왔을 뿐이니까.

지금은 거리로 나와 있는 저 물건도 처음에는 누군가 좋은 재료를 써서 몇 날 며칠을 공들여서 만들었을 것이다. 그리고 애지중지하면서 쓰다가 이제 낡아서 중고품이 되었지만, 으스러질 때까지 더 열심히 써줘야 세상에 태어난 보람이 있지 않겠는가.

그러나 주의할 게 있다. 지나치게 욕심을 부리면 집이 쓰레기 집하장이

될 수도 있다. 쓸 만하다고 해서 무조건 집어 오지 말고, 이리저리 살펴보고 몇 번을 생각해도 마음이 기우는지, 활용가치가 있는지, 튼튼한지, 진정으로 내게 필요한 물건인지를 냉철하게 판단해야 금방 싫증내거나 나중에 후회하지 않는다.

중고품을 사랑할 수밖에 없는 까닭

중고품의 미덕은 여러 가지이다. 우선 돈이 전혀 들지 않거나 헐값에 쓸만한 물건을 구할 수 있다는 게 제일 큰 매력이다. 쓰임새를 바꿔서 더 요긴하게 쓸 수도 있고, 큰 부담 없이 내 취향에 맞게 변형시킬 수도 있다. 운이 좋으면 뜻밖의 횡재를 하는 수도 있다.

중고품의 두 번째 미덕은 무독성이다. 새 집이나 새 가구에서 시큼한 냄새와 함께 눈이 따갑고 숨쉬기 곤란했던 적이 있는가? 이것은 집 내장재나 목재가구를 가공할 때 접착제로 쓰는 포름알데히드와 방부제인 붕산염 때문이다. 포름알데히드는 적은 양이라도 공기 중으로 뿜어져 나오면 유독가스로 변해서 불면증과 천식을 일으키고 유전인자까지 변화시키는 환경호르몬 물질이다.

새집증후군과 빌딩증후군의 주범인 포름알데히드는 아주 다양하게 쓰인다. 접착제와 방충 처리한 카펫, 살균제, 구김살을 방지하는 섬유처리제, 가스주방기구, 헤어스프레이, 헤어젤, 마분지, 방충제, 매니큐어, 신문, 페인트와 페인트 제거제, 인쇄용 잉크, 담배연기, 베니어판, 벽지, 니스에도 첨가되어 있다.

포름알데히드에서 생겨난 환경호르몬은 생물체가 필요해서 스스로 만든 물질이 아니라 산업 활동을 하는 동안 우연히 생겨난 것으로, 생물체에 흡수되면 호르몬처럼 작용한다. 몸 속의 중요한 호르몬 작용을 막거나 강화하기도 하는데, 문제는 한번 생기면 잘 분해되지 않고 몸 안에 쌓인다는 것이다. 불임가정이 늘고, 암이나 생식기 관련 질병이 많이 발생하는 것도 바로 환경호르몬 때문이다. 몸 안에 쌓인 환경호르몬은 수컷의 정자 수를 감소시키거나 암컷처럼 변하게 한다. 뿐만 아니라 발육과 성장에도 영향을 끼쳐 기형을 출산하거나 멸종에 이르게 할 수도 있다.

이처럼 사람에 큰 영향을 미치는 환경호르몬은 시간이 흐르면 독성이 점점 약해진다. 그래서 가게에서 오래 진열했던 제품을 선택하는 사람도 있다. 중고품은 이런 환경호르몬의 독성이 이미 다 날아가 버린 상태이므로 안심하고 사용할 수 있는 것이다.

중고품의 세 번째 미덕은 쓰레기를 줄여주고 자원을 재활용하는 것이다. 아직 쓸 만한 물건인데도 단지 싫증났다는 이유로 쉽게 버리는 일이 잦다. 많이 만들어서 많이 팔고, 쉽게 사서 쉽게 버리는 이런 습관 때문에 지구는 거대한 쓰레기장으로 변해가고 있다. 지구의 자원은 한정되어 있는데 지금처럼 낭비를 계속한다면 머지않아 바닥을 드러내고 말 것이다.

최근 들어 우리 주변에 재활용 가게가 적지 않게 생겨나고, 중고품을 기증하고 나눌 수 있는 벼룩시장도 속속 문을 열고 있다. 아껴 쓰고 나눠 쓰고 바꿔 쓰고 다시 쓰는 '아나바다 장터'도 있다. 내게는 소용없지만 누군가에게는 보물이 될 물건, 다른 이들은 그 가치를 몰라주지만 내게는 주문제작을 한 것처럼 딱 맞는 물건을 재발견하는 기쁨을 누려보자.

천천히 쓰고 천천히 살기

작은 방 한 칸에도 참 많은 물건이 있다. 우리는 너무 많은 물건을 소유하고, 그 물건들이 제 수명을 다할 때까지 쓰지 못하고 있다. 그만큼 물건이 흔하디흔한 세상이다. 너무 흔해서 탈이다. 한 사람이 생활하는 데도 온갖 살림살이가 필요하다.

아쉽지 않을 만큼 아껴 쓴 뒤에 느끼는 보람, 마지막까지 말끔하게 쓰고 난 뒤의 후련함을 느껴보자. 새로운 물건에 눈독 들이기보다 집에 있는 물건의 용도를 바꿔서 써 보고, 재활용하는 즐거움을 찾아보자. 살림을 늘려가는 기쁨도 있지만, 하나씩 줄여서 생겨난 공간에 시원한 자연의 기운이 머물게 하는 건 어떨까?

우리가 살고 있는 지구가 지닌 자원은 한정되어 있다. 그런데 사람들의 씀씀이는 점점 헤퍼지고 있다. 나무가 자라는 속도보다 나무를 소비하는 속도가 더 빠르고, 석유가 만들어지는 속도보다 난방 연료와 자동차 연료로 소비하는 속도가 훨씬 빠르다. 소비의 속도는 갈수록 브레이크도 없이 무섭게 질주하고 있다.

나무가 굵어질 틈을 주고, 하늘과 바다가 맑아질 여유를 주자. 작은 씨앗이 땅에 떨어져 연둣빛 싹이 트려면 1~2주 정도 걸린다. 싹이 자라 잎이 나고 줄기가 굵어져서 꽃을 피우고 열매를 맺으려면 1~2년이 지나야 한다. 이처럼 생명이 자라나기 위해서는 충분한 시간이 필요하다.

우리가 함부로 버린 오염물질이 바다로 흘러가다 갯벌에 닿으면, 갯벌의 생명체들이 분주하게 움직여서 그것을 정화시킨다. 숲 속 나무들은 탁한 공기를 머금었다가 맑은 산소를 내뱉기 위해 부지런히 숨을 들이쉬고 있고, 습지의 정화식물은 물을 깨끗하게 되돌리기 위해 애를 쓴다. 석유와 석탄과 천연가스를 만들기 위해서 지구는 이 모든 것들을 수억 년 동안이나 따뜻하게 품고 있었다.

지구에 존재하는 모든 물건은 자연이 오랜 시간에 걸쳐 공들여 만들어 놓은 걸 재료로 삼아 사람들이 다시 가공한 것이다. 이처럼 엄청난 시간과 노력 끝에 탄생한 물건인데, 아직 튼튼하고 쓸 만한 것을 이런저런 핑계로 떠나보내려 하지만 말고 오래오래 곁에 두고 쓰자. 다 삭아서 더 이상 소용이 없어질 때까지 쓰고 또 쓰자. 그래야 그들도 지구별에서 태어난 가치를 다할 수 있지 않겠는가.

잠깐! 물건을 사기 전에 따져 보세요

- 정말 내게 필요한 것인가? 정말 이것이 없으면 불편할까?
- 광고를 보고 충동구매 하는 건 아닌가?
- 사은품이나 경품에 홀려서 사는 건 아닌가?
- 이미 가지고 있는 걸 재활용하거나 수선해서 쓸 수는 없는가?
- 기존의 것보다 기능이 훨씬 좋은가?
- 쓰임새에 맞게 값은 적당한가?
- 독성이 없는 재료로 만들어졌는가?
- 에너지를 적게 소비하는가?
- 과대포장한 건 아닌가?
- 다른 사람들과 나눠 쓸 수 있는가?
- 가까운 지역에서 생산되어 운반할 때 에너지가 적게 들었는가?
- 고장이 났을 때 쉽게 고칠 수 있고, 집과 가까운 곳에서 수리할 수 있는가?
- 공정한 생산과 유통과정을 거친 제품인가?

생각키우기

❶ 방 안을 둘러 보자. 꼭 필요한 물건은 무엇인가? 없으면 불편한 물건은 무엇인가?

❷ 우리 집이 한 달에 한 번 이사를 다녀야 한다고 가정해 보자. 어떤 물건을 남기고 어떤 물건을 처분하겠는가? 그 이유는 무엇인가?

❸ 우리 동네에 있는 중고품 가게와 수선집, 수리점을 조사하여 지도에 표시해 보자.

❹ 재활용의 중요성을 알리는 캠페인을 벌이려고 한다. 사람들의 관심을 끌 수 있는 표어를 만들어 보자.

살림살이에 대한 생각

우리들 밥상에 얽힌 문제

우리 집 밥상 풍경

"밥상 펴라!"

어머니가 가마솥 뚜껑을 열고 뜨거운 김이 모락모락 피어오르는 밥을 퍼 담으며 소리친다. 그리고 밥과 반찬을 얹은 작은 밥상을 마루로 옮겨 놓으면 집 안 곳곳에 흩어져 있던 사남매가 출동한다.

먼저 안방에 온 가족이 둘러앉을 수 있는 커다란 밥상을 펴고 마루의 작은 밥상에서 밥과 반찬을 옮겨 놓았다. 첫째는 가족들의 숟가락과 젓가락을 챙기고, 둘째는 샘에서 마실 물을 떠오고, 셋째는 소죽을 끓이고 계신 할머니를 부르고, 막내는 외양간과 마당 정리에 여념이 없는 아버지를 찾으러 나갔다. 이렇게 밥 때가 되면 우리들은 일사불란하게 움직이며 상 차리는 일을 도왔다.

바깥일을 하던 어른들은 목에 두른 수건으로 옷을 툭툭 털고는 손을 씻고 안방으로 들어오셨다. 그리고 늘 같은 자리에 앉으셨다. 아버지가 제일 안쪽, 그 옆에는 할머니, 그리고 내 자리는 텔레비전을 등진 윗목이었다. 언제부터 그런 순서로 앉게 되었는지는 알 수 없었지만, 아무튼 밥 먹는 자리는 고정석이 있었다.

그런데 내 자리가 제일 좋지 않았다. 저녁밥 먹는 시간에는 텔레비전에서 만화나 인형극 같은 어린이 프로그램을 했다. 밥을 먹으면서 텔레비전도 보고 싶은데 등지고 앉아 있으니 몹시 불편했다. 밥 한 숟가락을 입에 물고 한번 돌아보고, 반찬을 넣고 다시 돌아보고, 그러다가 국물을 흘리거나 정신이 팔려 헛손질을 하기도 했다. 어쩌다 밥알이 떨어지는 날에는 눈에서 별이 번쩍거렸다.

"아얏!"

아버지의 꿀밤이 날아온 것이다. 아버지의 꿀밤은 눈물이 왈칵 쏟아질 정도로 매서웠다.

"어떻게 농사지은 밥인데 흘리고 그래! 누가 그렇게 가르치더냐!"

꿀밤에 이어 아버지의 불호령이 떨어졌다. 뒤이어 "텔레비전 꺼!"하는 외침과 함께 밥을 흘리면 왜 안 되는지, 예전 어른들은 얼마나 어렵게 사셨는지에 대한 훈계를 한참동안 들어야 했다. 그 즈음이면 눈에는 눈물이 그렁그렁하고 목이 메어 밥맛도 잃어버린 채 이마가 얼얼하다는 생각 밖에 안 들었다.

그렇게 사남매가 돌아가면서 한번씩 혼쭐을 나다보니 우리는 바닥에 음식을 흘리면 얼른 주워 입에 넣는 게 버릇이 되었다. 뿐만 아니라 밥을 남기는 건 도저히 있을 수 없는 일이었다. 마지막 한 톨까지 해치우고 난

빈 그릇에 물을 부어 말끔하게 들이켰다.

밥이 좀 부족하다 싶으면 가마솥에 남아 있는 누룽지를 주걱으로 긁어 먹었다. 그때 먹었던 누룽지는 얼마나 구수했던가. 누룽지가 먹고 싶어서 얼른 밥그릇을 비우고 잽싸게 부엌으로 나오기도 했다. 누룽지까지 양껏 먹어서 볼록해진 배를 쓰다듬으며 마당에 있는 경운기 위에 앉아 밤하늘을 쳐다보면 초롱초롱한 별들이 금방이라도 쏟아져 내릴 것만 같았다.

식사가 끝나면 부엌에선 설거지가 한창이었다. 일곱 식구가 한 끼 식사에 사용한 그릇들이 함지박에 가득했다. 그 곁에는 언제나 구정물통이 놓여 있었다. 쌀뜨물과 상한 반찬, 조리하면서 버린 채소와 껍질들은 모두 구정물통으로 쏟아졌다. 구정물통이 가득 차면 할머니는 그 통을 소죽 쑤는 가마솥으로 날랐다.

음식 찌꺼기는 소죽에도 들어가고 돼지나 닭, 개의 먹이로도 쓰였다. 동물들이 먹기에 마땅치 않은 음식 찌꺼기는 대문 밖 퇴비장에 쌓여 이듬해 논밭의 거름이 되었다. 이처럼 시골 살림살이에서는 허투루 버려지는 것이 없었다.

음식물 쓰레기 처리 대작전

건강한 먹을거리를 맛있게 먹는 것만큼 쓰레기를 남기지 않는 것도 무척 중요하다. 음식물 쓰레기를 줄이는 방법은 음식 가짓수만큼이나 다양하다. 무엇보다도 필요한만큼 장을 보고, 먹을만큼 요리해서 먹는 게 중요하다. 장을 볼 때는 메뉴와 사람의 수를 고려해서 며칠 안에 먹을 수 있는 양만 산다. 배가 부를 때 장을 보는 것도 충동구매를 줄이는 좋은 방법이다.

요리할 때 양념을 적게 넣으면 담백한 맛을 느낄 수 있고, 남은 음식을 다른 요리로 활용할 수가 있다. 고구마, 무, 당근은 껍질에도 영양분이 많으므로 잘 씻어서 껍질째 먹는 게 좋다.

과일과 채소의 껍질은 사람의 피부와도 같다. 껍질에는 오염물질을 빨아들여서 제거하는 해독기능과, 생리활성을 돕는 비타민, 미네랄 등 영양성분이 있다. 껍질째 먹으면 영양분을 얻고 쓰레기도 남기지 않아 일석이조인 것이다.

손님을 여럿 초대할 때는 먹을만큼 덜어 먹는 뷔페식이 좋다. 큰 접시에 몇 가지 음식을 차려놓으면 푸짐해 보이면서 상차리는 번거로움은 준다. 손님은 먹고 싶은 음식만 골라 먹을 수 있어서 버리는 음식이 줄어든다. 음식이 남더라도 다시 먹을 수 있다. 남은 음식이나 음식재료를 냉장고에 보관할 때는 투명한 그릇에 담는 게 좋다. 내용물이 보이지 않는 그릇은 일일이 열어봐야 하는데 그게 귀찮아서 오래 방치하게 된다. 그러다보면 음식이 상해서 버리는 일이 자주 생긴다. 냉동실에 보관한 음식도 내용물을 분간할 수 없으면 손이 잘 가지 않게 된다.

외식을 할 때도 주의할 점이 있다. 보통 밥과 국은 말끔히 비우지만 반찬은 남기는 경우가 많다. 집이라면 다음 끼니 때 먹을 수 있지만 식당에서는 쓰레기가 된다. 그러므로 주문할 때 메뉴판을 살핀 뒤 식사량을 미리 말해주면 좋다. 불필요한 반찬은 먹기 전에 돌려주거나 먹을만큼만 덜고, 내키지 않는 후식은 사양한다. 남은 음식에는 이쑤시개나 화장지 같은 이물질을 넣지 않는다. 그래야 음식물 쓰레기를 재활용하는 곳에서 곤란을 겪지 않는다.

음식이나 식재료를 기증하는 방법도 있다. 식품은행인 푸드뱅크는 점심을 굶는 아이들이나 홀로 사는 노인, 장애인, 무료급식소, 노숙자 쉼터 등을 돕고 있다. 가까운 복지시설에 기증하는 것도 좋은 방법이다.

곡식 한 톨의 정성과 의미

2010년 8월, 러시아 정부는 일정 기간 동안 곡물 수출을 금지한다고 발표했다. 30년 만에 최악의 가뭄으로 밀과 보리, 옥수수 등의 생산량이 감소할 것으로 예상되어 수출을 중단한다는 것이었다. 세계 최대의 밀 수출국인 러시아 정부의 발표가 있자마자 유럽을 비롯한 국제 곡물시장이 요동쳤다. 미국에서는 밀 가격이 84%나 올랐고, 옥수수 가격은 24%나 올랐다. 설탕과 가공식품 값도 치솟았고, 사재기로 가격을 부추기는 사람들도 생겼다.

곡물파동은 홍수와 가뭄 같은 자연재해나 전쟁과 치안 불안이 생길 때마다 세계 곳곳에서 발생한다. 우리나라도 이 혼란에서 자유로울 수 없다. 농림수산식품부 자료에 따르면 1959년에는 100%였던 우리나라의 식량자급률이 1970년에는 86.1%, 1980년에는 69.6%, 1990년에는 70.3%, 2000년에는 55.6%, 2009년에는 51.4%로 점점 낮아지고 있다. 이는 우리 밥상에 차려지는 음식의 절반 이상을 수입하고 있다는 뜻이다. 식량자급률에 가축의 사료용 곡물까지 포함한 곡물자급률 역시 1970년에는

80.4%, 1980년에는 56%, 1990년에는 43.1%, 2000년에는 29.7%, 2009년에는 26.7%로 점점 낮아지는 추세이다.

국제 무역시장에서 식량은 중요한 거래협상 대상이다. 우리나라는 컴퓨터와 핸드폰 등 전자제품과 자동차를 수출하는 대신 정해진 양의 농산물을 수입하고 있다. 우리 땅에서 쌀을 넉넉하게 수확할 수 있어도 국제협상에 따라 정해진 양을 사들여야 한다. 수입 농산물 때문에 국산 농산물 값이 떨어지자, 농민들은 의욕을 잃고 말았다. 농사를 포기하고 도시로 떠나는 사람이 늘면서 농촌은 텅 비어 가고 있다.

먹을거리를 외국에 의존하면 지구촌에 흉년이 들거나 기상이변이 닥쳐 먹을거리가 부족해졌을 때, 우리의 생존권이 다른 나라의 손에 놓이게 된다. 그래서 먹을거리는 주권이며 식량안보라고 하는 것이다. 전자제품은 없어도 살 수 있지만, 먹지 않고는 살 수가 없다.

수입 농산물은 배로 운송하는 동안 상하지 않도록 농약과 방부제를 뿌린다. 장거리 여행을 위해 단단하게 포장하며, 배와 트럭으로 이동하고 컨테이너로 옮겨 실으면서 많은 에너지를 소비한다. 더 큰 문제는 수입한 농산물 때문에 농부가 사라지고, 땅은 점점 척박해지고 있다는 것이다.

논과 밭은 그저 농산물을 생산하는 터전이 아니라 산과 계곡, 들과 강으로 이어지는 자연생태계에서 매우 중요한 위치를 차지하고 있다. 물을 머금고 있는 논은 홍수를 막아주고, 그 물을 정화시켜서 다양한 생명체를 품는다. 논에서 자라는 벼는 맑은 산소를 내뿜는다. 밭은 동물의 똥과 풀, 쓰러진 나무같이 버려지는 것을 영양분으로 삼고 부드러운 흙을 되살린다. 건강한 흙에는 다양한 생명들이 꼬물대고, 새와 곤충들이 날아든다.

곡식 한 톨을 얻기 위해 농부는 봄부터 가을까지 아흔 아홉 번이나 농작물을 보살펴야 한다. 그처럼 귀하고 정성이 담뿍 깃들어 있는 게 곡식이다. 그렇게 어렵게 가꾼 농산물을 우리는 어떻게 먹고 있는가. 우리나라에서 1년에 배출되는 음식물 쓰레기를 금액으로 환산하면 15조 원 어치나 된다고 한다. 한 해 수입하는 식량의 1.5배나 되는 금액의 음식이 버려지고 있는 것이다. 음식물 쓰레기를 처리하는 비용만 해마다 약 4,000억 원이 든다고 한다. 2010년 환경부가 발표한 자료를 보면 음식물 쓰레기 때문에 발생하는 자원과 에너지 낭비를 포함한 경제 손실이 2012년에는 25조 원에 이를 것이라고 한다.

자연과 사람이 힘들여 가꾼 소중한 먹을거리, 자연의 기운과 생명을 담뿍 담고 있는 음식을 남김없이 맛있게 먹자. 내게 힘을 주고 기를 북돋아주는 소중한 영양분을 감사하게 받아들이자. 그리고 다시 기운을 차리고 세상을 향해 벌떡 일어서자.

음식물 쓰레기, 이렇게 줄여 보자

- 1식 3찬, 소박한 밥상을 차린다.
- 여럿이 식사할 때는 각자 덜어서 먹을 수 있도록 개인 접시를 준비한다.
- 무, 당근, 고구마 같은 채소와 사과, 감 같은 과일은 껍질째 먹는다.
- 식당에서는 먹을 만큼만 주문하고 남긴 음식은 포장해서 가져온다.
- 먹지 않을 음식과 후식은 미리 되돌려준다.
- 학교 급식은 먹을 수 있는 양만 담는다.
- 군것질을 줄이고 건강한 세 끼 밥을 맛있게 먹는다.
- 음식을 먹을 때 흘리지 않고 말끔하게 먹는다.
- 좋아하는 반찬만 골라먹지 않고 골고루 먹는다.
- 먹고 남은 음식에 휴지나 이쑤시개 같은 이물질을 넣지 않는다.
- 음식물 쓰레기를 발효시켜서 거름으로 쓴다.

 생각키우기

❶ 어제 하루 동안 먹은 음식과 그 음식의 재료를 적어 보자. 그 재료의 원산지를 확인해 보자.

❷ 과거에 우리나라는 식량을 자급자족하였으나, 2009년에는 식량자급률이 51.4%에 불과했다. 식량자급률이 낮으면 어떤 일이 일어날지 예측해 보자.

❸ 기상이변으로 세계 곳곳에서 식량생산량이 급격히 떨어졌다. 쌀과 밀, 감자, 옥수수 같은 곡물을 많이 수출하던 미국과 러시아, 호주에서 수출을 중단하겠다고 발표했다. 이와 관련해 앞으로 전 세계에서 어떤 일이 벌어질지 상상해 보자.

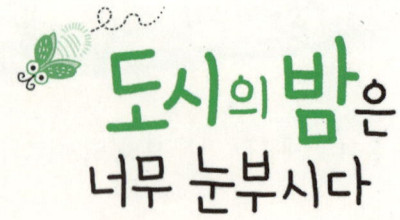

도시의 밤은 너무 눈부시다

도시의 밤하늘은 붉은색

오랜만에 옥상에 올랐다. 한낮의 밝음이 스러지고 밤이 오기를 얼마나 기다렸던가. 까만 하늘에 보석처럼 박혀 있는 별들과 그 한가운데 뿌연 띠를 이루고 있는 은하수를 만나고 싶었다. 어떤 이는 은하수를 보고 검은 비단에 소금을 뿌려놓은 것 같다고 표현했지. 고향집 마당에서 올려다보았던 그 하늘과 마주한다면 온종일 일을 하면서 쌓인 피로가 풀릴 것만 같았다.

앗! 그런데 그 하늘은 어디로 갔을까? 고향에서 밤마다 보던 검은 비단을 깔아놓은 듯한 하늘과 초롱초롱하게 빛나던 별들은 도대체 다 어디로 사라지고 붉게 일렁이는 하늘만이 눈앞에 펼쳐져 있단 말인가?

서울의 밤은 시골처럼 어둡지가 않았다. 오직 붉을 뿐이었다. 온갖 조명과 네온사인과 가로등 빛이 반사되어 붉게 달아오른 하늘에서는 별빛 한 점 찾아볼 수가 없었다. 나는 여기가 도시, 그것도 우리나라의 수도인 서울 한복판이라는 사실을 깜빡 잊고 있었던 것이다.

　해가 저물면 도시는 화려한 불빛을 갈아입고 다시 태어난다. 도심 한가운데에 우뚝 솟아 화려한 불빛을 비추는 고층 빌딩과 오색찬란한 네온사인, 촘촘히 서 있는 가로등과 자동차 전조등까지, 도시의 밤은 빛의 잔치가 펼쳐진다. 특히 한 해를 보내는 아쉬움과 새해를 맞이하는 설렘으로 들뜨는 성탄절과 연말연시가 다가오면 거리는 빛이 부리는 마술의 세계로 빠져든다. 그렇게 우리가 빛이 펼쳐보이는 환상의 세계를 즐기는 동안, 촘촘한 꼬마전구와 전선을 온몸에 칭칭 휘감고 서 있는 가로수의 기분은 어떨까?

　겨울에 온도가 5℃ 이하로 내려가면 나무는 광합성과 증산 같은 생리작용을 거의 하지 않는다. 잎을 모두 떨어뜨리고 휴면 상태를 맞게 된다. 곰이 겨울잠을 자듯 11월~2월에는 나무도 휴식 시간을 갖는 것이다. 그런데 국립산림과학원의 조사에 따르면 가로수에 설치하는 전구의 밝기는 평균 300lx 내외이고 발열온도는 28℃ 정도라고 한다. 이것은 휴식기를 맞은 나무에게는 너무 밝고 뜨거워서 엄청난 스트레스가 된다.

　이 빛은 식물 내부의 생체 리듬을 어지럽히고, 밤을 낮으로 인식하여 낮에 일어나야 할 광합성을 하게 만든다. 밤에 일어나야 할 생리 반응이 제대로 이루어지지 않아 생체 대사 균형이 깨진다. 그래서 나무가 겨울을 나고 봄을 대비하는 데 필요한 적응력이 약해진다.

한밤중에 우는 매미

잠을 청하려는데 창 밖에서 매미가 요란하게 울어댔다. 공포영화보다 두려운 건 열대야이고, 그보다 더 참기 힘든 건 한밤의 소음이다. 밤늦도록 가로수에 매달려 울어대는 매미 때문에 당최 창문을 열어놓을 수가 없다. 도로를 지나다니는 차들의 경적도 시끄럽지만, 매미의 기세도 보통이 아니다. 서로 소리 지르기 경쟁을 벌이는 것만 같다.

매미는 수컷만이 소리를 낼 수 있다. 배에 있는 발음기로 고유한 진동수의 음향을 만들어 낸다. 수컷이 내는 소리는 세 가지 의미가 있다. 친구들에게 자기의 존재를 알리는 것과 내 영역을 침범하지 말라는 경고, 그리고 암컷을 불러 짝짓기를 하기 위해서다. 짝짓기를 하는데 필요한 이 소리는 종족을 번식하고 유지하는 데 없어서는 안 될 신호인 셈이다.

매미는 낮에만 울고 어두워지면 울지 않는다. 그런데 가로등이 불을 밝히고 자동차 전조등이 반짝이고 간판과 네온사인이 불야성을 이루자 낮인 줄 알고 밤에도 울어대는 것이다.

인공불빛 때문에 곤란을 겪는 건 청정한 지역에 사는 반딧불이도 마찬가지이다. 반딧불이 암컷은 꽁무니에서 나오는 은은한 빛으로 자신의 위치를 알리며 수컷을 유혹한다. 그 불빛을 본 수컷은 암컷 곁으로 날아가 빛을 내며 구애하는 것이다. 반딧불이는 성충이 된 2~3일 뒤부터 구애를 시작하는데, 배에 있는 발광세포가 산소와 작용하여 황색 또는 황록색 빛을 만든다.

이런 짝짓기도 인공불빛 때문에 어려워졌다. 가뜩이나 공기가 탁해지고

물이 오염되어 반딧불이 서식지가 줄어들고 있는데, 이제는 환한 불빛 때문에 암수가 서로의 위치를 찾기 어려운 지경이 되었다. 인공불빛이 짝짓기를 방해하는 바람에 여름밤 풀숲에서 꽁무니에 신비로운 불빛을 매단 채 날아다니는 반딧불이를 점점 만나기 어려워지고 있다.

곤충들만 인공불빛의 피해를 입는 것은 아니다. 인천시 운북동의 농민들은 논농사가 예전 같지 않다며 걱정이다. 새로 놓인 고속도로에 가로등이 설치되면서 그 불빛 아래의 벼들이 잘 자라지 않기 때문이다. 벼 이삭이 영그는 데 장애가 되는 밝기는 5lx인데, 가로등의 밝기는 30~50lx나 된다. 250W 나트륨등은 사방 45m까지 10lx 이상의 빛을 내서 그 범위 안에 있는 작물은 모두 심각한 영향을 받는다. 밤하늘에서 가장 밝은 보름달도 0.3lx에 지나지 않는다.

벼는 낮이 길 때 광합성 작용을 활발히 해서 영양분을 최대한 저장했다가 낮이 짧아지는 시기에 이삭을 만든다. 그런데 밤에도 계속 빛을 쬐면 이삭이 제대로 여물지 못한다. 들깨는 꽃을 피우지 못해 열매가 맺어지지 않고 계속 자라기만 한다. 시금치는 보름달 밝기의 두 배인 0.7lx만 되어도 잘 자라지 않는다. 콩과 팥, 호박과 옥수수 같은 여름 작물은 하루에 빛을 쬐는 시간이 12시간 이하라야 제때 꽃이 피고 열매가 영근다.

모든 작물은 자연의 이치에 따라야 제대로 자란다. 그런데 밤이 낮처럼 환해지면 생태계의 질서가 파괴되어 식물이 돌연변이를 일으키고, 결국 그 피해는 식물을 먹는 사람에게 고스란히 돌아오고 있다.

암을 유발하는 불빛

인공불빛의 피해는 사람에게도 이어진다. 우리나라의 도시에 사는 아이들은 시골 아이들보다 안과를 자주 찾는다. 세계적인 과학잡지인 「네이처」에는 밤에 항상 불을 켜놓고 자는 아이의 34%가 근시라는 연구 결과가 실렸다. 불빛 아래에서 잠이 드는데 걸리는 시간인 수면잠복기가 길어지고 뇌파도 불안정해지기 때문이다.

사람의 몸에는 멜라토닌이라는 생체리듬 호르몬이 있다. 멜라토닌은 강력한 산화방지 역할을 하며 노화를 억제하고 면역기능을 강화한다. 이 멜라토닌이 부족해지면 면역기능이 떨어지고 암에 걸릴 수도 있다. 2004년 영국 런던에서 열린 '국제아동백혈병학술회의'에 참가한 학자들은 야간조명이 암을 발생시킬 수 있다고 경고했다. 야간조명이 세포의 증식과 사멸을 조절하는 멜라토닌 분비를 방해해서 암과 연관 있는 유전변이를 일으킨다는 것이다.

어둠이 짙을수록 새벽이 반가운 법이다. 그러나 도시의 밤은 더 이상 어둡지가 않다. 온갖 조명과 네온사인과 가로등 빛이 반사되어 붉게 달아오른 하늘에서는 별빛 한 점 찾아볼 수가 없다. 이렇게 도시 하늘을 지붕처럼 덮고 있는 미세한 먼지층에 조명 불빛이 반사돼 밤하늘을 희뿌옇게 만드는 것을 '빛공해' 또는 '광공해' 현상이라고 한다. 이젠 빛도 공해가 된 것이다.

스페인에서는 천문학자들과 천체관측 동호회원, 환경운동가들이 '밤하늘과 별빛 되찾기 운동'을 벌이고 있다. 미국에서는 1992년부터 애리조나,

콜로라도, 텍사스를 포함한 6개 주와 여러 도시에서 '빛공해 방지법'을 만들었다. 칠레와 호주 역시 이와 비슷한 법을 제정했다.

먼 우주에서 오는 빛이 강한 도시의 불빛에 가려지자 천문인들은 값비싼 첨단 관측 장비를 동원하거나 하와이 섬, 칠레의 안데스 산맥, 카나리아 군도 같은 외딴 곳으로 천문대를 옮겼다. 우리나라 천문인들도 빛공해가 적은 두메산골과 높은 산자락으로 옮겨다니고 있다.

생물체가 건강하게 살아가려면 햇빛 못지 않게 어둠과 고요의 시간도 반드시 필요하다. 어둠 속에서 편히 쉬어야 다시 생기를 얻을 수 있다. 어둠의 시간이 있어야 박꽃이 뽀얗게 피어나고 달맞이꽃이 노란 꽃잎을 연다. 밤을 보낸 곤충은 아침에 이슬을 털고 힘차게 날아오르고, 사람도 깊은 잠을 자야 다시 일어설 수 있다.

가로등과 네온사인, 자동차 전조등 같은 인공불빛이 사라진 곳에서는 사람의 눈으로 2,500여 개의 별을 볼 수 있다고 한다. 별 볼 일이 없는 밤, 전등 스위치를 끄고 어둠 속에서 가만히 기다리면 우주 저편에서 수십 광년 전에 잠시 반짝였던 불빛이 조용히 등 하나를 내걸어 줄 것이다.

Tip 빛공해를 줄이는 10가지 방법

- 집안에서, 학교에서, 학원에서, 꼭 필요하지 않은 전등은 끈다.
- 은은한 분위기를 만드는 간접조명도 깊은 잠을 자는 데 방해가 되므로 끄고 잔다.
- 대문이나 거실, 마당에 습관처럼 켜둔 등도 끈다.
- 가게 영업이 끝나면 네온사인과 간판을 모두 끈다.
- 가로등은 불편하지 않을 만큼 드문드문 켠다.
- 퇴근할 때 사무실에 끄지 않은 전등은 없는지 다시 한번 살핀다.
- 어항이나 애완동물 잠자리에 불을 켜두면 그들도 피곤하다. 밤에는 꼭 불을 끄자.
- 기념일이나 행사 때 나무에 전구를 달면 나무는 몹시 괴롭다.
- 도시의 야경에 감탄하기 전에 그 아래 시들어 가는 생명을 생각하자.
- 여행지에서도 내가 밝힌 불빛 때문에 불편해할 생명들이 없는지 살핀다.

생각키우기

1 모든 생물에게는 어둠의 시간이 필요하다. 너무 환해서 잠을 이루기 어려웠던 경험을 적어 보자.

---

2 일상에서 빛공해를 줄이기 위한 나만의 방법을 찾아 보자.

---

3 기록에 의하면 에디슨은 잠자는 시간이 아까워 밤이 낮처럼 환하도록 전구를 발명했다고 한다. 실제로 전구가 발명되면서 인류의 삶은 크게 변했다. 전기가 널리 보급되면서 잠자는 시간은 줄고 일하는 시간은 크게 늘어났다. 이런 점에서 에디슨은 어떤 과학자라고 생각하는가? 자신의 생각을 발표해 보자.

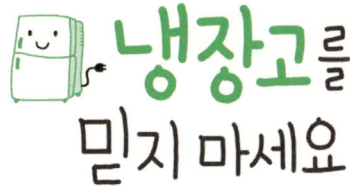
냉장고를 믿지 마세요

냉장고는 부지런한 일꾼

　지난 겨울, 몇 년 만에 매서운 추위가 찾아온 기념으로 냉장고에게 휴가를 주었다. 내가 사는 집은 지은 지 오래 돼서 겨울철에는 문틈과 바닥으로 찬 기운이 솔솔 스며든다. 그중에서도 주방은 발을 동동거려야 할 정도로 몹시 춥다. 문고리가 손에 쩍쩍 달라붙고 행주는 바짝 얼어붙을 정도이다. 그릇에 담아둔 물마저 얼어버린다. 유리창에는 성에가 멋진 그림을 그려놓는다.

　방은 그런대로 견딜 만하지만 주방은 바람만 막아줄 뿐 바깥에 나와 있는 꼴이다. 냉장고 안에 손을 넣어 보니 여기가 더 따뜻하다. 이참에 냉장고 안에 든 김치통과 반찬통을 죄다 꺼내 주방 바닥에 늘어놓고 플러그를 뽑았다. 주방이 냉장고가 된 셈이다. 발은 좀 시리지만 넓은 냉장고가 생겨서 좋다. 덕분에 진짜 냉장고는 오랜만에 달콤한 휴식을 갖게 되었다.

　곰곰히 생각해 보니 냉장고만큼 피곤한 물건도 없다. 다른 전자제품은 쓰지 않을 때는 전원을 꺼두지만, 냉장고는 1년 내내 돌아간다. 찬장 겸용으로 쓰기 위해 주방 크기는 고려하지 않고 무조건 큰 걸 들여놓는 집도 많다. 신혼집에 가보면 집은 좁은데 장롱만한 냉장고가 들어앉아 있어서 숨통이 턱 막히곤 한다. 나중에 식구가 늘어날 걸 대비해서 이왕이면 큰 것으로 사야 한다는 생각 때문이다.

1834년 영국의 제이콥 퍼킨스가 얼음을 만드는 압축기를 발명했다. 압축시킨 에테르가 냉각효과를 내면서 증발했다가 응축되는 원리를 이용했는데, 이 원리로 지금의 냉장고가 탄생했다. 냉장고는 여름철에 음식이 쉽게 상하지 않게 보관하는 물건이다. 원래는 선풍기나 난로처럼 제철에만 잠시 쓰는 가전도구였다. 그런데 한겨울에도 반팔을 입고 생활할 정도로 실내가 따뜻해지자 냉장고에게 휴식이 없어졌다. 사시사철 음식으로 가득찬 채 쉬지 않고 돌아간다. 이렇게 혹사시키는 물건이 또 있을까? 십수 년 동안 쉬지 않고 일을 시키면서 항상 멀쩡하기를 기대하는 건 지나친 욕심이 아닐까?

냉장고는 대량 소비의 주범

냉장고의 크기가 커지고 기능도 다양해지면서 우리는 점점 냉장고에 의존하게 되었다. 일주일치 부식을 한꺼번에 사 와서는 몽땅 넣어둔다. 얼려두면 몇 달 동안 끄떡없는 냉동식품도 켜켜이 쌓아둔다. 음식을 보관하는 기간이 길어지면 신선도는 떨어지지만, 바빠서 자주 장보러 갈 여유가 없기 때문이다. 그래서 할인기간이라서 싼 값에 살 수 있을 때, 덤으로 준다고 할 때, 되도록 많이 사 둔다. 그래도 똑똑한 냉장고가 있으니 걱정 없다.

조리한 음식도 남으면 무조건 냉장고로 들어간다. 마시는 물, 음료수, 채소와 과일, 얼음팩, 화장품, 물수건, 약까지…… 시원한 냉장고는 진정한 만능해결사다. 그러나 그 안을 들여다보면 사정은 달라진다.

채소를 사온 그날은 온 가족이 둘러앉아 맛있게 먹는다. 그런데 냉장고에 넣어둔 채소는 며칠 지나면 시들시들해져 있다. 아깝다는 생각이 들어 얼른 조리해서 먹는다. 그런데 실컷 먹고도 반 정도는 남았다. 다시 냉장고로 들어간다. 며칠 뒤 들여다보면 말라비틀어져 있기도 하고 물러버려서 음식물 쓰레기통으로 골인. 결국 맛있게 먹은 채소는 반이나 될까?

냉장고가 없던 시절에도 음식을 오래 보관하는 지혜가 있었다. 중국인들은 기원전 1000년 무렵부터 지하실에 얼음을 넣어 음식을 상하지 않게 않게 보관했다. 우리나라도 삼국시대 신라에 석빙고, 조선시대에는 동빙고와 서빙고라는 저장고가 있어서 여름철에 음식을 시원하게 보관할 수 있었다. 이런 시설을 이용할 수 없었던 서민들은 음식을 말리거나 얼리고 장아찌를 만들거나 김치와 같은 발효식품을 담아 먹었다. 땅속에 묻은 단지에 음식을 저장해두고 조금씩 꺼내 먹었다. 이렇게 갖은 정성을 들여마련한 음식은 대충 먹다가 남기거나 버리는 일이 없고 헤프게 먹는 일도 없었다.

찬 음식과 더운 음식

음식은 차게 먹어야 좋은 게 있고 뜨거워서 땀을 뻘뻘 흘리며 먹어야

맛난 게 있다. 그런데 냉장고를 찬장처럼 쓰기 시작하면서 속앓이를 하는 사람이 많아졌다. 웬만한 음식은 냉장고에 보관하여 찬 상태로 먹기 때문에 몸이 차가워져 속병이 늘어난 것이다.

마시는 물만 해도 그렇다. 물은 상온에 두고 기후에 따라 변하는 상태로 마셔야 탈이 없다. 하지만 요즘 우리가 주로 마시는 물은 냉장고나 정수기가 전기로 차갑게 식힌 물이다. 거기다 얼음까지 동동 띄워서 마신다.

무더운 날이나 갈증이 심할 때는 따뜻한 물이 목마름을 가시게 하는데 더 효과가 있다. 사람의 속은 상온과 비슷해야 탈이 없다. 그런데 속은 더운데 갑자기 얼음물이 쏟아진다고 상상해 보라. 내장이 화들짝 놀라지 않을까? 처음에는 목과 가슴이 시원하겠지만 잠시 뒤에는 배가 차가워져서 배탈이 난다. 뱃속의 열이 위로 올라와서 머리와 가슴이 답답해지고 정신이 산만해진다. 그리고 다시 갈증이 난다.

음식 역시 따뜻하게 먹어야 위와 장이 편안해서 제구실을 할 수가 있다. 아침에 일어나면 따뜻한 차로 뱃속을 편하게 해줘야 한다. 배가 따뜻하면 머리가 맑아지고 마음까지 차분해진다. 배가 차가우면 기운이 없다. 기운이 없으면 척추에 힘이 없어져 등이 굽고 발끝과 무릎이 벌어지게 된다. 이렇게 몸이 허약해지면 만병이 찾아든다.

문명이 발전하고 온갖 발명품들이 생겨나면서 인간의 생활은 놀라울 정도로 편해졌다. 인류 역사는 하루가 다르게 눈부시게 변하고 있다. 그러나 전기의 발명으로 사람들은 숙면을 취하지 못하고 늘 피곤해한다. 자동차 때문에 많이 걷지 않아서 체력이 떨어지고, 냉장고 때문에 원인 모를

속병을 앓고 있다.

  과연 인류의 역사는 사람을 이롭게 만드는 방향으로 발전하고 있는가? 아니면 사람을 점점 허약하게 만드는 방향으로 발전하고 있는가?

  냉장고, 너무 믿지 말고 필요한 만큼만 일을 맡기자. 가끔 냉장고에게도 휴식을 주자. 계절이 바뀔 때 한 번씩은 깨끗이 비우고 말끔히 청소를 하자. 차가운 곳에서도 활동하는 세균들이 있다. 휴가를 떠나거나 장기 출장을 떠날 때, 온 세상이 쩍쩍 얼어붙는 겨울에는 냉장고 안을 비우고 쉴 시간을 주자. 놀든 쉬든 잠자든, 달콤한 휴가를 보내고 나면 냉장고도 생생한 얼굴로 다시 활짝 웃을 것이다. 그들에게 주는 달콤한 휴식시간은 우리의 건강을 되돌아보는 소중한 시간이 될 것이다.

Tip 냉장고, 이렇게 사용하세요

- 냉장고를 쓸데없이 열지 않는다.
- 냉장 온도는 계절별로 조절한다. 냉장실은 1~5℃, 채소실은 3~7℃로 맞춘다.
- 냉장실 안은 60% 정도만 채워서 공기순환이 잘 되게 한다.
- 찬 곳에 보관할 필요가 없는 장류와 건어물은 밀봉해서 서늘한 곳에 보관한다.
- 냉장고 안에서도 음식이 상한다. 유통기한을 자주 확인하고, 되도록이면 싱싱하고 맛있을 때 먹을 수 있도록 적당량만 구입한다.
- 음식을 완전히 식힌 뒤에 보관해야 냉장 효과가 높다.
- 알루미늄 호일이나 랩보다 뚜껑이 있는 그릇에 음식을 담아 보관한다.
- 숯, 찻잎, 커피 찌꺼기 같은 천연재료를 탈취제로 쓴다.
- 직사광선이 닿지 않으며 통풍이 잘 되는 곳에 두고 벽에서 10cm 가량 띄워둔다.
- 냉장고를 살 때는 냉장기능은 물론이고 절전효과가 얼마나 뛰어난지도 따져본다. 에너지 소비효율 1등급 제품은 전기를 30%나 절약할 수 있다.
- 가족이 여럿인 집은 넣어둔 음식물 목록을 냉장고 문에 적어두면 좋다. 목록을 살펴보고 필요한 걸 결정한 뒤에 냉장고 문을 열면 문을 자주 여닫지 않게 되므로 전기를 절약하고 냉장 효과도 높아진다.

 생각키우기

❶ 우리 집에 있는 냉장고를 탐색해 보자. 냉장고 속에 있는 식품의 종류를 기록하고 신선한 식품과 오래된 식품, 상해서 버려야 하는 식품 등으로 구분해 보자.

❷ 냉장고에 넣지 않고 상온에서 보관할 수 있는 식품은 무엇인가?

❸ 냉장고가 사라진다면 어떤 일이 벌어질까? 음식을 어디에 어떻게 보관하면 좋을지, 어떤 식품을 얼마나 구입하면 좋을지 생각해 보자.

나에게 아직 세탁기가 없는 까닭

물건이 없으면 근심도 없다

아침부터 숨이 턱턱 막힐 정도로 덥다. 여름은 푹푹 찌는 더위가 제 맛이고, 겨울은 코가 알싸한 추위가 제 맛이 아닌가? 피하려 애쓰기보단 이 더위를 즐기는 법을 배워야 하리. 그렇게 생각하자 따가운 여름볕이 참 아깝다.

집안 구석구석에 있던 빨랫감을 모아 한 아름 빨래를 했다. 그리고 볕이 잘 드는 골목에 빨래건조대를 내놓았다. 빨래에서 물방울이 '토도독' 굴러 떨어졌다. 말끔해진 빨래를 바라보는 기분도 참 괜찮다. 그런데 지나가던 아주머니가 한 마디 하신다.

"세탁기로 탈수를 하지. 빨래에서 물이 뚝뚝 떨어지네."

요즘 세탁기 하나 없는 집이 어디 있을까. 그런데 볕이 강한 이 여름에 많지도 않은 빨래를 하면서 굳이 에너지를 낭비할 필요가 있을까 하는 생각이 들었다. 볕에 잠깐 내걸어놓으면 자연 에너지가 바싹 말려주고 살균까지 해주는데. 그러잖아도 한여름에는 에너지 피크타임이 가장 높은 그래프를 그리는데 나까지 보탤 필요는 없지. 어쨌거나 집집마다 세탁기를 사용하면서 빨래에서 물이 떨어지는 이런 풍경도 점점 사라지고 있다.

우리 집에는 '아직' 세탁기가 없다. 처음부터 사지 않았고, 사려고 기웃거린 적도 없다. 주변 사람들이 세탁기를 바꿀 때마다 중고 세탁기를 가져가지 않겠냐고 묻곤 했다. 공짜로 얻는 건 좋지만 안타깝게도 욕실이 비좁아서 세탁기가 들어올 여유 공간이 없다. 빨래하기가 힘들면 조금 더 입고 빨면 되지, 아직은 세탁기가 절실하게 필요하지도 않다. 문명의 이기를 거부하고 시대에 뒤떨어진 자의 괜한 고집이라고 놀려도 개의치 않는다.

물론 혼자 사는 살림이라 가능한 일일게다. 가족이 많거나 하루에도 몇 번씩 기저귀를 갈아대는 아기가 있는 집은 세탁기가 필수품이겠지.

나는 빨래를 하기 전에 계획을 세운다. 물과 시간을 절약하면서 옷과 신발, 가방을 빨고 욕실청소까지 한꺼번에 하기 위해서다. 먼저 빨랫감을 20분 정도 물에 담가 애벌빨래를 한다. 그리고 재활용 빨래비누를 칠해서 빨래판에 박박 문지른 뒤, 대야에 물을 받아 여러 번 말끔하게 헹군다. 이때 물을 아끼려면 빨래를 꽉 짜서 비눗기를 줄이는 게 좋다. 헹궈낸 물은 욕실 구석구석에 뿌리며 청소를 한다. 이렇게 산더미같은 빨래를 끝내고 청소까지 마치고 나면 속이 다 후련하다.

세탁기 없이 사는 게 쉬운 일은 아니다. 몸이 힘든 것보다 다른 사람들의 눈길을 참아내는 게 더 어렵다. 돈 벌어서 다 뭐하냐고 따지는 사람도 있다. 마치 사람이 가전제품을 사기 위해 일하는 것처럼 말이다. 옷을 살

때 마음에 들어야 사듯이 가전제품도 각자의 선택사항이다. 그런데 마치 필수사항처럼 말하는 사람을 대하면 가슴이 답답하다. 새로운 제품을 남보다 먼저 산 사람은 희귀한 걸 가졌기 때문에 다른 사람들에게 뽐낼 수가 있다. 반면에 그 제품을 모든 사람이 가졌을 때는 갖지 않은 사람이 미개인 취급을 받는다. 핸드폰이 그렇고 자동차가 그렇다. 세탁기가 있으면 물론 편하긴 하지만, 물을 오염시키는 세탁기 전용 세제를 써야 하고 전기요금도 더 나오므로 더욱 열심히 돈을 벌어야 한다. 가끔은 부족한 생활비 때문에 야근을 해야 한다. 만약 고장이라도 나면 기술자를 부르거나 서비스센터에 맡기고 며칠을 기다려야 한다.

가전제품은 사용하다가 없어졌을 때 비로소 그 위력을 실감하게 된다. 처음부터 없으면 그냥 살 수 있지만, 잘 쓰다가 없어지면 그 불편함은 이루 말할 수가 없다. 마치 금단현상처럼 허탈해지고 아무 일도 할 수가 없다. 그 뿐인가. 신제품이 나오면 그렇게 멋져 보일 수가 없다.

'어떻게 하면 저걸 얼른 장만할 수 있을까?'

며칠 동안 눈독을 들이다가 마침내 거금을 지불하고 최신형 세탁기를 소유하는 순간, 장밋빛 환상은 사라지고 텅 빈 지갑만이 남아 있는 현실세계로 돌아온다. 그래서 '아직' 내 신념은 변함이 없다.

'가진 물건이 적을수록 근심도 적다.'

세탁기에서 나온 물의 행방

사람들이 가전제품에 대한 환상과 기대를 갖게 된 건 순전히 텔레비전

광고 덕분이다. 아리따운 모델이 세탁기 단추를 눌러놓고 창가 소파에 앉아 커피를 한 잔 마시며 입가에 미소를 띤다. 마치 세상에 이보다 더 행복한 순간은 없다는 듯한 표정이다. 이런 광고를 보면 세탁기가 주부의 삶을 우아하고 여유롭게 만들어준다는 착각에 빠지게 된다.

그러나 세탁기의 실체는 단절이다. 입고 난 옷을 넣고 합성세제를 뿌린 뒤 단추를 누르고 뚜껑을 닫으면 세탁기 안에서 무슨 일이 일어나는지, 세탁한 물이 어디로 흘러가는지 우리 눈에는 보이지 않는다. 그 시간에 커피 한 잔의 여유를 즐기고 있기 때문이다.

세탁기가 작동하면서 콸콸 흘려보내는 탁한 물에는 때와 합성세제가 녹아들어 있다. 처음 합성세제를 만든 사람들은 독일인이었다. 독일은 세계대전에서 패한 뒤 비누 원료인 유지를 구할 수 없게 되자 석유의 추출물로 합성세제를 만들었다. 그 뒤 미국에서 상품으로 개발되어 전 세계로 퍼졌다.

물에 합성세제가 녹아 있으면 미생물이 활동할 수 없고, 물 위의 거품은 산소가 물 속으로 녹아드는 걸 방해한다. 햇빛을 막아 플랑크톤이 번식하고 활동하는 것을 방해하여 결국 물을 오염시킨다. 그리고 세척력을 높이기 위해 합성세제에 첨가한 인은 인산염이 되어 부영양화를 일으켜 물을 썩게 만든다. 부영양화는 인이나 질소를 함유한 더러운 물이 호수나 강에 흘러들었을 때, 이것을 양분으로 먹은 플랑크톤이 너무 많이 번식하여 수질이 나빠지는 현상을 말한다.

합성세제와 때가 녹아든 탁한 물은 하수도로 흘러가 그곳에 사는 유효

미생물들의 숨통을 끊어놓는다. 우리 눈에 보이지 않는 유효미생물들은 오염된 물을 정화시키고 물 속 생태계를 유지시켜준다. 그런데 이 미생물들이 사라지면 오염된 물이 고스란히 하천으로 흘러가게 된다. 그리고 하천에 사는 물고기와 곤충, 물풀, 미생물을 살 수 없게 만든다. 그 물은 다시 강을 거쳐 바다로 흘러가 마침내 바다까지 오염시키는 결과를 낳는다.

비누와 방망이로 빨래를 하던 시절에는 사정이 좀 달랐다. 내가 일으킨 비누거품이 아이들이 멱을 감는 냇물을 지나고, 백로와 뜸부기가 노니는 논으로도 흘러가고, 물방개와 우렁이가 사는 웅덩이에도 고이는 걸 직접 볼 수가 있었다. 좋지 않은 비누를 쓰면 아이들에게 해롭고 식물이 시들고 곤충과 새들을 죽일 수 있다는 것도 알 수 있었다. 때문에 비누 하나도 함부로 써서는 안 된다는 걸 깨달을 수 있었다.

바다가 건강해야 지구도 건강하다

바다는 지구 표면의 71%를 차지한다. 지구 상에 있는 물의 97.41%가 바닷물이다. 이처럼 지구의 자연환경을 지배하고 있는 바다는 기후를 조절하며 다양한 바다생명체와 광물자원을 품고 있다. 사람에게 물고기와 해초, 조개 등을 제공하는 식량 공급처이자 해상 교통로이기도 하다.

바다의 또 다른 얼굴은 모든 오염물질의 집합장이다. 땅과 물, 그리고 하늘을 오염시키는 온갖 물질들이 바다로 모여든다. 그 중 가장 심각한 게 생활하수이다. 어머니 품처럼 크고 넉넉한 바다는 인간이 버리는 모든 걸 품고 다시 정화시켜준다.

그러나 지구 상에 존재하는 나라의 수많은 가정에서 오염된 생활하수를 끊임없이 흘려보낸다면 바다는 어떻게 될까? 망망대해, 아무리 넓은 바다지만 날마다 쏟아지는 오염물질을 어찌 다 감당할 수 있겠는가? 어쩌면 바다는 서서히 병들어 가고 있는 중인지도 모른다. 우리 인간만이 그 사실을 아직 모르고 있을 뿐이다.

며칠 묵혀두었던 빨래를 한꺼번에 해치운 날은 손목이 시큰거려서 당장 세탁기를 사고 싶은 마음이 굴뚝같다. 나처럼 손목이 시원찮은 사람이야말로 첫 월급을 타자마자 세탁기부터 사야 한다고 생각했는데 어쩌다 보니 지금까지 버티고 있다.

깨끗하게 빤 옷을 입고 거울을 본다. 머리도 가지런히 빗어 넘겨서 말쑥해진 모습을 보니 기분이 슬슬 좋아지고 뭔가 근사한 일이 생길 것 같다. 콧노래를 흥얼거려 본다. 오늘 하루 정말 근사한 일이 생겼으면 좋겠다. 내 작은 습관 때문에 누군가 해를 입거나 작은 생명체들이 사라지는 일이 없었으면 좋겠다. 그리고 내 주위에 있는 사람들과 나를 둘러싸고 있는 모든 것들에게도 항상 좋은 일만 생겼으면 좋겠다. 손빨래를 하면서, 세탁기 작동 버튼을 누르면서, 생명을 품은 너른 바다를 떠올려 보자.

지구를 건강하게 지키는 세탁법

- 빨래는 모아서 한다. 빨래가 너무 많으면 제대로 세탁이 안되므로 70% 정도만 채워서 돌린다.
- 세탁 시간이 길면 옷감이 상하므로 시간을 잘 지킨다.
- 비누와 세제는 표준사용량을 지킨다. 많이 쓴다고 세탁 효과가 높은 건 아니다.
- 몸에 오염시키는 합성세제 대신 식초와 귤껍질, 레몬, 베이킹소다를 활용하자.
- 세제 없이 세탁이 되는 세탁기나 세탁볼을 사는 것도 좋다.
- 화학물질인 섬유유연제와 표백제는 우리 몸에 좋지 않으니 사용하지 않는다.
- 세탁기의 헹굼물을 모아 욕실이나 복도 청소를 할 때 재활용한다.
- 드라이클리닝한 옷은 바람 잘 통하는 곳에 걸어 유해한 용제를 충분히 증발시킨다.
- 세탁과 청소를 자주 하는 게 좋은 것만은 아니다. 우리 몸이 환경에 적응하고 유효미생물이 활동할 수 있도록 적당히 씻는다.
- 찌든 때가 있는 빨랫감은 손빨래를 한 뒤 세탁기에 넣는다.
- 드럼세탁기는 뜨거운 열기로 빨래를 말려줘서 편하지만 전기를 많이 소비한다. 건조기능을 사용하는 것보다 볕이 있고 바람이 잘 부는 바깥에서 말리는 게 좋다. 햇볕에 살균이 되고 바람향이 배이므로 섬유유연제보다 훨씬 낫다.

생각키우기

1 우리 집에서 사용하는 세제의 종류와 성분을 조사해 보자.

주방에서 :

욕실에서 :

빨래할 때 :

청소할 때 :

2 세제를 권장량만큼 사용하고 있는가? 세제 사용 설명서에서 권장량을 확인하고 내가 사용하는 양과 비교해 보자.

3 한 조사에 의하면 주부의 가사노동을 줄이는 데 가장 많은 공헌을 한 제품이 세탁기라고 한다. 이처럼 전자제품을 사용하면서 가사노동을 줄이는 것이 나을까, 에너지 소비를 줄이기 위해 직접 가사노동을 하는 것이 좋을까? 자신의 의견을 이유와 함께 이야기해 보자.

내 손으로 만드는 즐거움

나의 옷들에 관한 역사

처음 재봉틀에 관심이 생긴 건 '특별한' 내 체형 때문이었다. 따지고 보면 평범하기 짝이 없지만 옷을 고를 때마다 그 특별함을 실감해야 했다. 옷장을 열어 놓고 한 시간째 거울을 들여다보았다. 이렇게 입으면 어떨까? 아니야, 저 옷이 낫겠어. 옷을 여러 벌 꺼내 아무리 맞추어 봐도 한눈에 쏙 들어오는 옷이 없다.

'왜 이렇게 입을 옷이 없지?'

죄 없는 옷장을 흘겨본다. 모처럼 큰맘 먹고 옷을 한 벌 샀다. 모델이 입고 있는 모습이 무척 마음에 들었기 때문이다. 그런데 집에 와서 입어 보니 옷맵시가 나질 않았다. 지금까지 샀던 대부분의 옷이 그랬다. 한껏 설레며 고른 것도 우리 집에 들어오는 순간, 흔하디흔한 옷에 지나지 않았다. 고를 때도 다른 사람보다 시간이 더 필요했다. 품이 맞으면 소매가 길고, 허리가 적당하면 바짓단이 넓고 길었다. 그럴 때마다 이렇게 투덜거렸다.

'진정 나는 비정상이란 말인가?'

옷은 왜 키가 크고 늘씬한 사람을 기준으로만 생산하는 걸까? 세상은 넓고 사람의 체형은 다양하지 않던가! 허공을 향해 괜한 삿대질을 해본다. 그러나 누굴 탓하랴. 내가 표준 체형이 아닌 것을……. 그렇다면 방법을 바꾸자! 남들과 다른 개성을 즐기는 거야. 표준 체형의 범주에서 벗어난 그리 달갑지 않은 특별함을 긍정의 마음으로 받아들이기로 했다. 세상 모든 일은 마음먹기 나름이지 않던가?

자연스레 옷수선에 관심이 생겼다. 사실 그것은 어릴 때부터 시작되었다. 넉넉지 않은 시골살림이라 늘 언니가 입던 옷을 물려 받았다. 그런데 날씬하게 쭉쭉 자라는 언니에 비해 통통하게 살이 오른 나는 무척이나 천천히 자랐다. 언니가 입던 옷은 대부분 소매와 바짓단을 접어야 했다. 이웃집에서 얻은 옷, 도시 사는 친척집에서 보내온 옷도 사정은 같았다. 어디서 어떻게 온 것인지 사연과 출처는 접어두고 그냥 걸치고 다녔지만, 그 모든 옷의 공통점은 조금씩 수선이 필요하다는 것이었다. 몇 해가 지나 내 키도 자라고 옷이 딱 맞을 때가 오면 그땐 옷이 너무 닳아 있었다. 결국 한 번도 내 몸에 맞게 입어 보질 못한 채 옷의 운명은 저물고 말았다.

그러던 몇 해 전, 작은 재봉틀을 샀다. 앞으로도 쭉 나는 '비정상 체형'으로 살테고 계속 수선을 해야 하니 재봉틀을 구하는 게 낫겠다 싶었다. 손바느질은 어쩐지 늘 엉성했고, 번번이 수선집에 맡기는 건 부담스러웠다. 재봉틀이 생기자 바짓단은 한 번에 '드르륵' 정리가 되고, 단춧구멍과 지퍼도 깔끔하게 달 수 있었다. 신이 났다. 새로운 세상이 열린 것 같았다.

옷을 수선한 자리에는 늘 자투리천이 남았다. 한바탕 집안 정리를 하고 나면 입지 않는 헌옷과 조각천이 제법 모였다. 박음질에 재미가 생기자 옷 수선을 넘어 새로운 뭔가를 만들고 싶은 욕구가 생겼다.

'뭘 만들면 좋을까?'

상상력을 키우는 재봉틀

집 안을 찬찬히 살피다가 목표물을 하나 발견했다. 첫 번째 도전으로 가장 만만한 장바구니를 선택했다. 단순하게 생겼지만 다양한 쓰임새가 있는 장바구니는 재봉틀 초보인 나도 만들 수 있을 것 같았다. 일회용 포장지 사용을 줄여보자는 생각은 오래 되었지만 번번이 가방이나 장바구니를 챙겨가질 않아서 비닐봉지에 담아오곤 했다. 가게 주인이 비닐봉지를 '톡' 뜯어서 익숙한 손놀림으로 물건을 담기 전에 장바구니를 쫙 열면 되지 않을까?

첫 도전인 장바구니 만들기는 생각대로 어렵지가 않았다. 천을 반으로 접어 양쪽을 박음질하고, 끈을 달면 완성. 멋을 부리고 싶어서 단추나 주머니 같은 장식을 달자 한결 새로운 느낌으로 변신했다. 다만 새로운 작품을 만들기 위해 적당한 천과 어울리는 무늬를 고르고 디자인하는 데 시간이 좀 걸렸다. 따지고 보면 이 단순한 작업도 엄연한 창작이지 않은가.

재봉틀 놀이는 무척 흥미로웠다. 내가 상상하는 대로 무엇이든 바꿀 수 있다. 알록달록한 조각천을 방바닥 가득 펴놓고 새로운 작품을 구상하다 보면 시간이 후다닥 지나갔다. 제멋대로 생긴 천을 잘라서 색깔을 맞추

고, 천의 질감을 맞추고, 장식을 달아볼까 구상하다보면 상상력이 풍부해졌다. 재봉틀 놀이라는 꽤 괜찮은 취미생활이 생긴 것이다. 그러나 만드는 것만큼 중요한 건 공들여 만든 걸 부지런히 사용하는 일이었다.

장바구니를 여러 개 만들어 외출하는 가방이나 옷 주머니에 챙겨 넣었다. 외출하기 전에 반드시 지나치는 현관 신발장 위에도 가지런히 접어두었다. 여행 떠나는 배낭 속에도 장바구니를 작게 접어서 넣어놓았다. 여행길에서는 짐을 줄이고 싶어서 일회용품을 많이 쓰는데, 장바구니가 있으면 그것을 줄일 수 있다. 손 닿는 곳, 눈에 띄는 곳에 장바구니를 놓아두면서 비닐봉지 사용은 부쩍 줄어들었다. 그리고 뜻밖의 쓰임새도 발견할 수 있었다.

외출했을 때, 예상치 못한 물건을 사게 되거나 갑자기 물건을 담아서 옮겨야 할 일이 있다. 가방은 비좁고 손에 들고 다니기엔 불편할 때 장바구니를 '짜잔!' 꺼내면 가볍게 해결된다. 이렇게 장바구니는 비상대기조가 되어 내 가방에 들어 있다.

그렇게 온갖 궁리를 하면서 만든 장바구니를 친구들에게 선물했더니 다들 좋아했다. 그런데 선물을 한 뒤 친구들의 반응과 이야기를 들어 보니 장바구니에도 미적 감각이 필요하다는 걸 깨달았다. 공짜로 생겼어도 맘에 드는 것만 사용하는 것이다.

요즘은 예전과 달리 어떤 물건이든 넘쳐난다. 가게나 행사장에서 판촉용으로 나눠주는 장바구니 역시 흔하다. 그러나 내 손으로 만든 것이든, 공짜로 얻은 것이든, 예쁘고 내 맘에 쏙 들어야 열심히 챙기고 잃어버리지 않으려고 애쓰게 된다. 장바구니 역시 그래야 했다. 비록 반바지에 슬리퍼를 신고 시장에 가더라도 누가 봐도 장바구니가 분명한 전형적인 모양보다는 '가방일까, 쇼핑백일까?' 눈길을 끌고 호기심이 생기는 독특한 걸 좋아한다. 장바구니를 정말 좋아해서 부지런히 챙겨야 일회용 비닐봉지 사용도 줄일 수 있는 것이다.

지구를 생각하는 환경실천법은 의무감만으로는 오래가지 못한다. 새해에 시작하는 금연이나 다이어트처럼 작심삼일이 되고 만다. 허리띠를 졸라매고 불편함을 감수하는 의무감이 아니라, 한눈에 반할 정도로 예쁘고 좋아서 마음이 저절로 움직여야 한다. 간편하고 홀가분해서 특별히 의식하지 않고도 실천할 수 있다면 더 나은 결과를 얻을 수 있지 않을까?

가슴 뛰는 일부터 시작하라

옛 여인들은 누구나 옷 짓고 수선하는 법을 배웠다. 시집갈 준비를 하는 처녀들은 한 땀 한 땀 바느질하고 고운 수를 놓아 정갈한 식탁보를 만들고, 새댁은 아이 옷과 생활소품까지도 바지런하게 만들어 썼다. 사내들은 굵은 땀을 흘리며 집을 짓고 담장을 쌓고, 농사일에 필요한 농기구도 뚝딱 만들어 냈다. 이 모든 노동은 생활에 꼭 필요한 것이었고, 마을 사람들 누구나 한 가지씩 그런 기술을 지니고 있었다. 집에서 먹을 채소는 마당이나 집 가까운 텃밭에서 직접 길러서 먹었다. 지금 도시에서 사는 우리의 삶과는 매우 달랐다.

우리들은 내 손으로 만들 생각을 좀체 하지 않는다. 쉽게 사고, 쉽게 정리해서 버린다. 수선할 것은 수선집에 맡기고 그 시간에 신제품을 구경하기 위해 상점을 기웃거린다. 그저 우리는 폼 나는 것을 사서 적당히 쓰다가 적당한 때에 버리고 있다. 그리고 새로운 것을 사기 위해 밤낮 열심히 일을 하고 있다. 과연 이런 삶이 예전 사람들의 삶보다 보람 있는 것일까?

핸드메이드는 내 손으로 직접 만들고 손수 기르는 즐거움을 만끽할 수 있는 길이다. 작은 생활소품을 만들기 위해 한 땀 한 땀 정성 들여 바느질하고, 자신의 개성과 감각을 담아 펴고 구부리고 페인트칠을 해서 세상에서 단 하나뿐인 작품을 만들어 낸다. 화분이나 옥상, 텃밭에서 채소와 과일을 길러먹는 사람들도 있다. 시장에 가면 싼값에 듬뿍 살 수는 있지만, 씨앗을 뿌리고 거름을 주고 벌레를 잡고 비바람에 쓰러질까 노심초사하면서 기른 정성까지 돈으로 살 수는 없다.

몇 해 전부터 DIY Do It Yourself 족이라는 말도 생겨났다. '네 스스로 직접 만들어라'라는 뜻을 가진 DIY는 생활공간을 쾌적하게 꾸미기 위해 기업이나 전문가가 만든 완제품을 구입하는 대신, 자신이 직접 재료를 준비해서 만들고 수리하는 개념을 말한다. 건강과 환경을 생각하는 천연비누와 화장품, 작은 테이블과 컵, 사기그릇, 장식소품, 아이 옷과 모자, 가방까지 그 종류가 매우 다양하다.

내 손으로 직접 만드는 작업은 좋은 결과물을 얻는 기쁨만이 아니라, 재료를 준비하고 만들고 땀 흘리는 과정에서 느끼는 즐거움이 더 크다. 재료를 준비하고 구상을 하고, 만들면서 이리저리 궁리하는 동안 상상력도 는다. 여러 차례 시행착오를 겪는 동안 더욱 반짝이는 아이디어가 떠오른다. 오랜 기다림과 땀을 쏟아서 얻은 결과이므로 깊은 애정을 가지게 된다. 내 손으로 만든 물건은 함부로 버릴 수가 없다. 정성으로 키운 먹을거리는 남기거나 상해서 버리는 법이 없다. 당연히 쓰레기도 줄어든다.

우리가 겪는 환경문제는 생산자와 소비자가 뚜렷이 구별되면서 생겨난 경우가 종종 있다. 쉽게 사서 쓰고 쉽게 버리고, 수리가 필요하면 전문가에게 맡기고, 물건이 만들어지는 과정을 모르니 씀씀이가 점점 헤퍼진다. 필요하면 새 제품을 사면 그만이기 때문이다. 먹을거리 역시 옛날에는 생산자와 소비자가 같은 마을에 살면서 서로의 안부를 잘 알았지만, 생산자와 소비자의 거리가 멀어지면서 문제가 생겨났다. 생산자는 농약과 비료를 듬뿍 뿌려 많이 생산해서 판매하면 그만이고, 소비자는 보기에 좋고 값이 더 싼 것에만 관심을 기울이면서 먹을거리가 위험해진 것이다.

내가 직접 몸을 움직여서 할 수 있는 일은 얼마나 될까? 내 손으로 직접 만들 수 있는 물건은 어떤 게 있을까? 환경을 위한 실천은 쉽고도 단순하고 신나는 일부터 시작된다. 마음이 이끄는 일부터 즐겁게 시작하면 된다. 가족과 친구, 이웃과 경험을 나누고 지혜를 모으면 더 기발하고 재밌는 실천법을 찾아낼 수 있다. 지금 당장 당신이 할 수 있는 실천법은 무엇인가? 아주 작은 일, 가장 쉬운 일, 당신의 가슴을 뛰게 만드는 일, 그것부터 시작하라!

- 뜯어진 옷을 바느질하고, 단추나 장식품도 직접 달아본다. 조금 서툴러도 내가 정성 들인 물건에는 애착이 생긴다.
- 입지 않는 옷이나 자투리천으로 손가방이나 베개보 같은 생활소품을 만들어 본다.
- 단단한 종이상자, 알록달록한 포장지, 튼튼한 끈 등 포장에 사용된 재료를 버리기 전에 다른 용도로 활용할 수 있는 방법을 생각해 본다.
- 천연 재료를 이용해서 비누와 샴푸, 화장품을 직접 만들어 본다. 더불어 이것을 사용하는 기간을 기록하고, 물에 미치는 영향도 생각해 본다.
- 화분에 상추와 토마토, 가지 같은 채소를 길러본다. 싱싱한 채소를 얻기 위해 얼마나 관심을 갖고 노력해야 하는지 배울 수 있다.
- 채소 샐러드와 나물무침 같은 간단한 요리를 직접 해 본다. 다듬고 씻고 요리하는 과정에서 음식의 소중함을 알게 된다.
- 나사를 조이거나 못질 같은 간단한 수리를 직접 해 본다. 간단한 공구사용법을 익히면 무조건 서비스센터부터 달려가지 않고 잘 고칠 수 있다.
- 집 앞 화단이나 아파트단지, 공원에서 자라는 식물에 물과 거름을 주면서 관심을 갖는다. 여럿이 함께 나누는 공간에 관심을 갖는 것으로 더불어 사는 방법을 배우게 된다.
- 아파트 복도나 골목길을 빗자루로 쓸고 청소를 한다. 낮에 가로등이 켜 있거나 공공시설물에 수리가 필요하다면 관리기관에 알린다. 우리 동네에 관심을 가지면 이웃이 생기고 더 즐거워진다.

생각키우기

1 재봉틀을 배워 내 손으로 직접 무언가를 만든다고 가정해 보자. 가장 먼저 만들고 싶은 물건은 무엇인가? 그리고 그 이유는 무엇인가?

2 재봉질이나 바느질 외에 직접 만들 수 있는 물건에는 무엇이 있을까? 그 물건을 선물하고 싶은 사람과 이유를 적어 보자.

3 환경을 보호하는 삶을 실천하는 사람을 조사해 보자. 그 사람의 이름은 무엇이며 구체적으로 어떤 활동을 하고 있는가?

4 오늘부터 시작할 수 있는 지구를 위한 실천법을 세 가지 이상 적어 보자. 이 실천법을 일주일 이상 실천하면 상을 받는다고 할 때, 어떤 상을 받고 싶은가? 이유와 함께 적어 보자.

이곳에 가면 환경정보가 있다

부록

이곳에 가면 환경 정보가 있다

환경단체

녹색연합 www.greenkorea.org
한반도 곳곳에서 일어나는 환경문제를 알리고, 대안 있는 환경운동을 펼치고 있는 환경단체이다. 백두대간과 비무장지대, 기후변화와 에너지, 야생동물 보존활동 등 다양한 환경활동을 하고 있다. 환경잡지 「작은것이 아름답다」와 녹색사회연구소, 환경법률센터, 녹색교육센터 등 전문기관도 운영하고 있다.

여성환경연대 www.ecofem.net
생명을 품는 여성들이 환경을 위해 할 수 있는 일은 무엇일까? 속도와 경쟁을 추구하는 사회에서 삶을 돌아보며 느리게 살기, 여성의 건강을 지키는 안전한 화장품과 대안생활용품, 공정한 무역을 통해서 희망을 찾는 희망무역까지, 도시에서 친환경적으로 살 수 있는 방법을 연구하고 알리는 일을 하고 있다.

국립공원을 지키는 시민의 모임 www.npcn.or.kr
한반도에서 가장 보존가치가 높아서 국가가 엄격하게 관리하는 땅, 국립공원을 지키기 위해 노력하는 단체이다. 국립공원에 사는 야생동식물을 보존하는 일, 국립공원 법과 제도를 개선하는 운동, 전국에 있는 국립공원 20곳을 홍보하고 교육하는 활동도 하고 있다.

에너지시민연대 www.enet.or.kr
생활 속에서 에너지를 절약하는 방법을 찾는 단체이다. 에너지 절약과 에너지 효율 제품 알리기, 신재생에너지 등 활동을 하고 있다. 여름・겨울 에너지 절약캠페인과 실태조사, 기후변화협약 대응 방안을 찾는 활동도 한다.

푸른아시아 simin.org
지구 면적의 3분의 1이 척박한 땅으로 바뀌는 사막화 문제, 그 원인인 지구온난화 문제의 해법을 찾기 위해 황사가 시작되는 몽골의 사막에 나무를 심는 일을 하고 있다. 사막화 대안을 찾고, 문화교류를 펼치며, 여행을 통해 환경의 소중함을 깨닫는 에코투어 활동도 한다.

자원순환사회연대 www.waste21.or.kr

　점점 늘어나는 쓰레기 문제가 고민이라면 이곳을 찾아보자. 쓰레기를 줄이고 친환경적인 방법으로 쓰레기를 관리하는 법, 재활용 늘이기, 쓰레기에 관한 정책대안을 제시한다.

환경운동연합 www.kfem.or.kr

　한반도에서 가장 첨예한 환경현장에 가장 발빠르게 달려가 대응하는 활동을 하고 있다. 우리나라의 숲과 강, 갯벌과 바다, 지구온난화 문제, 먹을거리 문제, 국제사회의 연대활동까지, 다양한 주제로 폭넓게 활동하고 있다. 국내 환경기사 뿐만이 아니라 국제 환경문제에 관한 자료도 찾아볼 수 있다.

환경정의 www.eco.or.kr

　땅과 공기, 물, 먹을거리를 중심으로 왕성하게 활동하는 단체이다. 우리 생활 속에서 환경 호르몬을 찾는 법과 자연주의 육아교육, 대안먹을거리운동을 하고 있는 '다음을 지키는 사람들' 방이 눈여겨볼만 하다.

한국환경교육네트워크 webzine.keen.or.kr

　우리나라에서 환경교육을 진행하고 있는 단체들이 함께 모인 연대기구이다. 학교 환경교육, 지역 환경교육, 연령과 계층에 맞는 환경교육, 세계의 환경교육 사례까지, 환경교육에 관한 자료와 기법을 연구하고 있다.

정부기구

국립공원관리공단 main.knps.or.kr

　한반도 생태계에서 가장 보존가치가 있는 곳이자 소중한 자연자원과 문화유적이 많은 국립공원에 대해 조사연구하고, 관리, 안내, 해설하는 일을 하고 있다. 국립공원에 대한 전문 해설을 들으면 더욱 생생한 숲과 만날 수 있다.

국립생물자원관 www.nibr.go.kr

　생물자원에 관한 우리나라 최대의 전시관이다. 한반도에 있는 동식물, 물고기와 곤충, 새 등을 계통별로 정리하고 보존, 관리하고 있다. 전시관에서는 동식물의 표본을 관찰할 수 있고, 생물들이 우리에게 어떤 영향을 주고, 생활에 어떻게 활용되고 있는지도 알 수 있다.

국립수목원 www.kna.go.kr

　숲에 사는 생물종에 대한 조사와 수집, 분류, 보전, 희귀 특산식물의 보전과 복원, 전시원의 조성, 숲교육 서비스 제공, 산림문화 사료의 발굴과 보전 등의 일을 하고 있다. 광릉에 있는 수목원을 방문하면 우리나라에 살고 있는 나무와 꽃을 감상할 수 있다.

산림청 www.forest.go.kr
숲 가꾸는 일을 하고 있는 정부기관이다. 훼손된 숲을 복원하고, 산림자원을 개발하며, 백두대간 보전활동을 펼치고, 각종 탐방프로그램을 운영하고 있다.

에너지관리공단 www.kemco.or.kr
에너지 절약 교육, 기후변화 협약 대책 마련, 에너지 이용 효율성 높이기, 신·재생에너지의 기술개발과 보급 등 에너지 관련 사업을 하고 있다.

환경부 www.me.go.kr
우리나라의 환경정책을 집행하는 기관이다. 홈페이지에는 우리나라의 환경 정책과 집행, 환경관련 법률, 환경용어 등 다양한 정보가 있다.

숲교육

생태보전시민모임 www.ecoclub.or.kr
보전 가치가 있는 지역을 꾸준히 모니터링하고 생태 감수성을 갖춘 생태교육 지도자를 키우며 생태교육 프로그램도 운영하고 있다. 자연과 더불어 사는 도시를 만들기 위해 작은 산 살리기 운동을 하며 자연생태감시단도 운영한다.

숲해설가협회 foresto.org
숲은 어떻게 변하고, 숲에서는 무엇을 만날 수 있나? 숲에 대한 궁금증을 풀어주고 안내해 주는 숲 해설가들이 모인 곳이다. 숲 해설을 원하는 사람들에게는 해설을 해주고, 숲 해설가를 체계 있게 양성하는 일도 하고 있다.

에코샵 홀씨 www.wholesee.net
다양한 생명이 깃들어 있는 자연을 만나러 갈 때 필요한 물건과 도감을 구할 수 있다. 숲과 습지, 곤충, 야생동물을 체험하고 탐조할 때 필요한 장비와 소품을 갖추고 있다.

먹을거리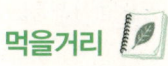

우리농촌살리기운동 www.wrn.or.kr
먹을거리를 생산하는 농부들과 도시 소비자들이 가톨릭성당을 중심으로 만났다. 도시와 농촌이 공존하기 위해 필요한 건 무엇인지, 서로 어떤 것을 나눌 수 있는지를 고민한다. 깨어 있는 농민과 의식 있는 소비자가 한자리에 모여 유기농 먹을거리를 생산하고 판매하면서 우리 농촌의 미래를 이끌고 있다.

아이쿱생협연합회 www.icoop.or.kr

건강한 먹을거리에 대해 고민하고, 농촌과 농민을 생각하는 생협들이 모인 곳이다. 농촌 생산지를 지키면서 도시 소비자들에게 건강한 먹을거리를 제공하는 방법을 찾고 있다. 식품 안전 보장을 위한 다양한 캠페인과 활동도 벌이고 있다.

한살림 www.hansalim.or.kr

농약과 비료에 위협받고 있는 우리 땅과 먹을거리를 살리기 위해 '밥상살림, 농업살림, 생명살림'을 기치로 유기농산물운동을 처음 시작한 곳이다. 다양한 유기농산물과 정보를 나누고, 먹을거리와 관련된 활동을 하고 있다.

그밖에…

녹색평론 www.greenreview.co.kr

우리에게 필요한 녹색철학은 무엇인가? 집에서 학교에서 직장에서 열심히 살고 있는 우리는 오늘을 어떻게 살아가야 하며, 미래를 위해 무엇을 준비해야 하는가? 국내외의 굵직굵직한 환경이야기를 환경철학으로 되새김질해서 격월간 잡지로 펴내고 있다.

작은것이 아름답다 www.jaga.or.kr

환경실천법을 넘어 단순하고 소박한 삶의 방법과 지혜를 안내하는 월간지이다. 국내외 환경단체 소개, 사람들의 이야기, 환경현장 이야기, 재생종이 캠페인, 대안생활에 대한 소식과 정보를 담고 있다.

자연 다큐멘터리 방송 프로그램

EBS 하나뿐인 지구 www.ebs.co.kr
KBS 환경스페셜 www.kbs.co.kr
YTN 인사이드월드 www.ytn.co.kr

생태와 환경 관련 다큐멘터리를 볼 수 있다. 꾸미지 않고 있는 그대로를 보여주는 다큐멘터리를 통해서 환경문제를 느끼고 배울 수 있다. 쉽게 접할 수 없는 물속 생태계와 항공촬영 같은 귀한 자료도 생생하게 보여준다. 잘 만들어진 다큐멘터리는 용맹한 환경운동가 노릇을 한다.

녹색가게 www.greenshop.or.kr

생활용품을 아껴 쓰고 다시 쓰고 바꿔 쓰는 운동을 벌이는 가게다. 전국 곳곳에서 녹색가게를 운영하고 공원과 아파트, 학교에서 벼룩시장을 열고 있다. 재활용 캠페인과 재활용패션쇼, 장바구니 전시회 같은 행사도 펼친다.

아름다운 가게 www.beautifulstore.org

　재활용품을 나누면서 마음까지 나누는 사람들의 훈훈한 감동이 있는 곳이다. 재활용품을 되팔아 불우이웃을 돕는 아름다운 가게의 정신을 배울 수 있고, 제3세계 사람들이 만든 물품을 정당한 가격으로 거래하는 공정무역도 만날 수 있다. 이곳을 다녀오면 나도 내놓을 게 뭐 없을까 자꾸 집안을 살피게 된다.

e뮤지엄 www.korea-museum.go.kr

　낯선 여행길에서 그 지역을 제일 쉽고 정확하게 만날 수 있는 곳이 박물관이다. 이 물건은 어떻게 생겨났으며, 이 생명체는 왜 존중받아야 하는지, 과거에서 우리는 무엇을 배울 것인가, 그 모든 게 박물관에 있다. 국가가 세운 대형 박물관도 있지만, 취미로 모은 물건들을 모은 이색박물관도 있다. 여행을 떠나고 싶지만 여의치 않을 때, 이곳에 가면 색다른 여행을 할 수 있다.

아름다운 재단 www.beautifulfund.org

　열심히 벌어서 어떻게 쓸 것인가? '티끌모아 태산'이라는 속담을 실천하는 사람들이 모인 곳이다. 부자가 아니더라도, 내 수입의 1%만으로 어려운 사람들에게 힘을 주고, 공익을 위해 할 수 있는 일이 참 많다는 걸 알려준다. 내가 가진 것, 꼭 움켜쥐고 있는 것에 대해 잠시 돌아보게 하는 곳이다.

환경재단 www.greenfund.org

　환경과 생명을 살리는 희망이 되기 위해 설립한 재단이다. 환경사진전과 서울국제환경영화제 같은 문화행사와 에코샵, 에코 프로덕트 박람회 등을 개최해서 기업이 어떻게 환경에 기여할 수 있는지를 알려준다. 시민단체 활동가 장학사업과 재교육 프로그램 등 시민운동가를 위한 지원프로그램도 있다.

고릴라는 핸드폰을 미워해
아름다운 지구를 지키는 20가지 생각

개정판 1쇄 발행　2011년　7월 15일
개정판 21쇄 발행　2024년　9월 30일

지은이　박경화
펴낸이　송주영
펴낸곳　북센스
편　집　조윤정
그　림　김숙경
디자인　장지나

출판등록　2019년 6월 21일 제2021-000178호
주　　소　서울시 종로구 효자로15, 2층
전　　화　02-3142-3044
팩　　스　0303-0956-3044
이 메 일　booksense@gmail.com
홈페이지　www.booksense.co.kr
ＩＳＢＮ　978-89-93746-06-8 (03800)

이 책에 실린 모든 내용은 저작권법에 따라 보호받는 저작물이므로
무단 전재나 복제를 금합니다.

값 12,000원